ANGELIKA LANG

Pilze

Liebe Leserin, lieber Leser,

das Interesse der Menschen an Pilzen reicht bis in die Steinzeit zurück. Pilze haben aufgrund ihres Formenreichtums und ihrer Farbenvielfalt nicht nur die Phantasie unserer Vorfahren angeregt, wie ihre Volksnamen belegen, die die Tür zu einem eigenen fabelhaften Reich der Natur aufzustoßen scheinen. Es ist vor allem ihre Schmackhaftigkeit, die dieses Interesse nachhaltig begründet. In Notzeiten eine willkommene Bereicherung des Speisezettels, werden sie heute in erster Linie wegen ihres kulinarischen Wertes geschätzt, wofür die Vielzahl an Pilzkochbüchern ein deutliches Zeichen ist.

Einher geht dieses Interesse immer mit der Angst vor Vergiftungen, weshalb die eindeutige Identifizierung eines Pilzes unabdingbare Voraussetzung für das Sammeln und die Zubereitung unserer einheimischen Speisepilze ist. Der vorliegende Band wird Ihnen ein zuverlässiger Begleiter bei der Bestimmung sein, es sei aber gleich hinzugefügt, daß mit ihm keine Garantie für eine zweifelsfreie Identifizierung verbunden ist – zu vielgestaltig und variantenreich kann das Erscheinungsbild ein und derselben Pilzart sein, so daß selbst fortgeschrittene Pilzkenner vielfach den Rat von Experten suchen müssen. Bitte beachten Sie deshalb besonders die Ratschläge und Hinweise im Eingangskapitel, wie Sie denn auch im Zweifelsfall unbedingt eine Pilzberatungsstelle in Ihrer Nähe aufsuchen sollten.

Unser Anspruch bei den Pilzporträts in diesem Band war unabhängig davon nicht die Vollständigkeit aller Arten, sondern eine stichhaltige und populäre Auswahl derjenigen Pilze, die Sie tatsächlich in der Natur antreffen werden. Die kleinen Geschichten, die wir dabei erzählen, werden sich nachhaltig in Ihre Erinnerung einprägen – damit sie von Ihnen weitergegeben werden.

Mit herzlichem Gruß

Georg Kessler
Der Herausgeber

Pilze

Die faszinierende Welt der Pilze

Pilze gehören zu den am weitest verbreiteten Lebewesen dieser Erde. Je nach Quelle schätzt man zwischen 100 000 bis 300 000 Arten. Die überwiegende Zahl der Pilze wächst auf festem Land, selbst unter extremsten Bedingungen mit Temperaturen weit unter dem Gefrierpunkt, aber auch in sehr heißen Gegenden mit 50 °C und mehr.

WAS IST EIN PILZ?

Wurden die Pilze früher mit den Pflanzen in eine gemeinsame Ordnung gestellt, bilden sie aufgrund einer Vielzahl von Unterschieden heute ein eigenes biologisches Reich.

Von den Pflanzen unterscheiden sich die Pilze vor allem durch das Fehlen des grünen Farbstoffs Chlorophyll. Das bedeutet, Pilze sind nicht zur Fotosynthese fähig und können deshalb die für das Wachstum nötigen Stoffe nicht selbst herstellen. Pilze sind also wie Menschen und Tiere darauf angewiesen, diese Stoffe aus der Umwelt aufzunehmen. Dies tun sie, indem sie zum Beispiel organisches Material aus ihrer direkten Umgebung zersetzen. Im Gegensatz zu

den Pflanzen, die Zucker in Form von Stärke speichern, bilden Pilze (wie Tiere) Glykogendepots. Zudem bestehen die Zellwände der Pilze nicht aus Zellulose, sondern größtenteils aus Chitin, einem Stoff, aus dem auch die Panzer der Insekten bestehen. Aufgrund der vielen biologischen Gemeinsamkeiten stehen die Pilze verwandschaftlich sogar den Tieren näher als den Pflanzen.

DIE PILZE IN DIESEM BUCH

Nur ein kleiner Teil der Pilze lässt sich ohne mikroskopische Hilfe mit bloßem Auge erkennen: die Familie der Großpilze, die in Europa etwa 3000 Arten umfasst. Davon ist nur ein Bruchteil in unseren Breiten zu finden, und von ihnen handelt dieses Buch. Geordnet sind sie, um das Bestimmen zu erleichtern, nach optischen Gesichtspunkten, die in manchen Fällen von der wissenschaftlichen Einteilung abweichen.

Röhrlinge erkennt man an der schwammartigen Fruchtschicht auf der Unterseite des Hutes, die aus vielen, dicht stehenden Röhren besteht. Die Kremplinge (siehe Seite 172/173, 174/175) und die Schmierlinge (siehe Seite 118/119) stehen den Röhrlingen verwandtschaftlich nahe. Da sie aber Lamellen haben, werden sie im Buch bei den Lamellenpilzen ohne Ring behandelt.

Lamellen- oder Blätterpilze sind gekennzeichnet durch die strahlenförmig um den Stiel stehenden Lamellen auf der Unterseite des Hutes. Zum einfacheren Zuordnen sind die Lamellenpilze untergliedert in solche mit und ohne Ring am Stiel. Unter den »Lamellenpilzen ohne Ring« finden Sie im Buch auch die sogenannten Sprödblättler, die Täublinge (siehe Seite 182–187) und die Milchlinge (siehe Seite 188–195). Ihren Namen verdankt diese Pilzgruppe dem brüchigen, spröden Fleisch.

Sonstige Pilze Darunter sind alle Pilze zusammengefasst, die weder Röhren noch Lamellen auf der Hutunterseite haben oder die nicht in Hut und Stiel gegliedert sind. Dazu gehören die Bauchpilze (*Gasteromycetes*), zum Beispiel die Stäublinge (siehe Seite 220/221), Boviste (siehe Seite 222–225), Erdsterne (siehe Seite 226/227), die Stinkmorchel (siehe Seite 230/231) oder der Tintenfischpilz (siehe Seite 228/229); die Schlauchpilze (*Ascomycetes*), etwa die Morcheln (siehe Seite 234–237) und Lorcheln (siehe Seite 238–241), aber auch die Becherlinge (siehe Seite 242–245) sowie die Keulen und Holzkeulen (siehe Seite 246/247); die Nichtblätterpilze wie die Korallen (siehe Seite 204–207) und Glucken (siehe Seite 208/209); die Stachelpilze, etwa die Stoppelpilze (siehe Seite 218/219); die Leistenpilze wie der Echte Pfifferling (siehe Seite 212/213); die Porlinge und Schichtpilze, zu denen zum Beispiel die Porlinge (siehe Seite 200/201), der Zunderschwamm (siehe Seite 202/203) oder die Trameten (siehe Seite 198/199) gehören.

Benennung der Pilze

Wie Tiere und Pflanzen haben auch die Pilze neben ein oder mehreren deutschen Namen einen wissenschaftlichen Namen, der sich aus dem Gattungsnamen und dem Artnamen zusammensetzt. Da gerade bei den Pilzen die Systematiker mithilfe neuerer Methoden noch stark die Verwandtschaftsverhältnisse erforschen, ändern sich bei vielen Arten die wissenschaftlichen Namen.
Der Name »Pilz« geht auf das lateinische Wort für Speisepilz – boletus – zurück. Im Mittelhochdeutschen hießen die Pilze bülez, im Althochdeutschen buliz. Noch heute ist der wissenschaftliche Gattungsname der Dickröhrlinge, zu denen die Steinpilze, Hexenröhrlinge oder der Satansröhrling gehören, Boletus.

Beim Schopftintling »zerfließen« die reifen Fruchtkörper mit der Zeit zu einem schwarzen Brei. Dieser enthält die zur Fortpflanzung wichtigen Sporen.

DER BAU DER PILZE

Das was wir gemeinhin als Pilz bezeichnen, ist nur der sichtbare Fruchtkörper. Der größte Teil des Pilzes befindet sich verborgen im Boden, in Holz oder in anderen organischen Substanzen, da er lichtempfindlich ist. Es handelt sich dabei um ein meist farbloses Geflecht aus Zellfäden (Hyphen), das in seiner Gesamtheit als Myzel bezeichnet wird. Die Fäden setzen sich aus winzigen, aneinandergereihten Zellen zusammen, deren Wände vor allem aus Chitin bestehen.

Die Fruchtkörper entwickeln sich wie die Früchte von Pflanzen nur zu bestimmten, für sie günstigen Jahreszeiten (siehe Seite 24/25). Dafür müssen die Zellen des Myzels vorab genug Nahrung aufgenommen haben. Dies geschieht durch Abgabe von Enzymen in die Umgebung, wodurch die Stoffe wie Lignin (in Holz), Zellulose (in Gräsern) oder Humus abgebaut werden.

Fruchtkörper

Die Fruchtkörper sind die Bildungsstätte der Sporen zum Zwecke der Vermehrung und Verbreitung des Pilzes. Sporen entsprechen den Samen bei den Pflanzen. Jeder Pilz bildet die Sporen an für die Art typischer Stelle, der sogenannten Fruchtschicht oder Hymenium. Sie kann die Oberfläche von Lamellen, Röhren, Stacheln oder Leisten auf der Hutunterseite überziehen, befindet sich frei in den becherartig aufgewölbten Fruchtkörpern der Becherlinge und ihrer Verwandten oder kleidet kleine Kammern der gefältelten Fruchtkörper aus. Sie kann sich aber auch im Inneren von kugeligen, birnenförmigen oder sackähnlichen Fruchtkörpern befinden.

Gesamt- und Teilhülle Bei einigen Arten sind die jungen Fruchtkörper von einer Gesamthülle umschlossen, dem sogenannten »Velum universale«. Sie kann faserig, flockig oder häutig sein. Während der Reifung wächst der Fruchtkörper in die Länge, dadurch reißt die Hülle auf und Reste davon bleiben auf dem Hut als Flocken (Hüllreste) und an der Stielbasis als Scheide oder warziger Gürtel sichtbar.

Mit einer Teilhülle (Velum partiale) ist die Fruchtschicht geschützt. Sie erstreckt sich vom Hutrand zum Stiel. Breitet sich der Hut aus, reißt sie und bildet eine meist gut sichtbare Ringzone am Stiel.

Vermehrung und Verbreitung

Pilze pflanzen sich auf geschlechtliche (durch Entwicklung von Keimzellen, den Sporen) und ungeschlechtliche Art, das heißt durch Abschnüren von Hyphenenden, fort. Wegen ihrer statischen Lebens-

Hexenringe

*Bestimmte Pilzarten bilden regelmäßig sogenannte Hexenringe aus. Beispiele dafür sind der Nelkenschwindling (*Marasmius oreades*, siehe Seite 144/145) oder der Mairitterling (*Calocybe gambosa*, siehe Seite 132/133). Der Name »Hexenring« stammt aus dem Mittelalter, damals galten Pilze als Teufelsgewächs, weil sie urplötzlich aus dem Boden kamen.*
Bei einem Hexenring handelt es sich um die dicht stehenden Fruchtkörper eines Myzels, das sich von einem Zentrum ausgehend kreisförmig nach allen Seiten ausgebreitet hat. Sobald die Nährstoffe in der Kreismitte aufgebraucht sind, wächst das Myzel weiter nach außen. Dadurch verschiebt sich auch der Kreis mit den Fruchtkörpern nach außen. Aus dem Durchmesser des Rings kann man in etwa auf das Alter des Pilzes schließen. Große Ringe können mehrere Hundert Jahre alt sein.

Wächst das Pilzmyzel von einem Zentrum aus kreisförmig nach außen, bilden die Fruchtkörper einen sogenannten Hexenring.

weise sind sie bei der Verbreitung der Sporen auf die Mithilfe anderer angewiesen. Hier ein paar Beispiele:

Wind: Die Sporen fallen aus der Fruchtschicht auf der Hutunterseite heraus. Da sie sehr leicht und klein sind, können sie vom Wind verbreitet werden.

Insekten: Die Sporen befinden sich in einer klebrigen Masse, die den Hut oder Fruchtkörper überzieht. Durch ihren intensiven Geruch lockt die Sporenmasse Insekten an, die diese Masse fressen und dadurch die Sporen verbreiten.

Schleudermechanismus: Die Sporen befinden sich im Inneren eines kugeligen Fruchtkörpers. Zur Reifezeit öffnet er sich an der Spitze, wodurch die Sporen durch Berührung (ein Regentropfen kann ausreichen) herausgeschleudert werden.

Tierfraß: Bei anderen Arten werden diese kugeligen Fruchtkörper von Tieren gefressen. Die Sporen durchlaufen den Darmtrakt und werden an anderer Stelle wieder ausgeschieden.

Landet die Spore an einer für sie günstigen Stelle, kann sie auskeimen und den Grundstein für ein neues Pilzmyzel legen. Da dies nur den wenigsten Sporen gelingt, müssen die Pilze eine Unmenge davon produzieren.

FUNKTION DER PILZE IN DER NATUR

Pilze haben eine Schlüsselstellung und eine enorme ökologische Bedeutung im Gesamtgleichgewicht der Natur. Durch den Ab- und Umbau von organischem Material, egal ob tot oder lebend, sind sie Gesundheitspolizei und »Müllentsorger« und tragen zur Humusbildung bei. Für ihren Stoffwechsel benötigen sie Nährstoffe, die andere Lebewesen (Pflanzen) hergestellt haben: Um daran zu kommen, bedienen sie sich unterschiedlicher Methoden.

Zersetzer oder Destruenten

Alle Pilze dieser Gruppe bauen organisches Material ab, also lebendes oder totes Holz und andere Pflanzen oder tote Tiere. Dazu geben sie Verdauungsenzyme an die Umgebung ab, die die organischen Substanzen in kleinere Bruchstücke aufspalten. Bei den Zersetzern kann man unterscheiden zwischen

Der Schwefelporling befällt vor allem Laubbäume wie Eichen oder Weiden. Er verusacht Braunfäule.

Parasiten: Sie befallen lebende Organismen wie Pflanzen, Tiere oder andere Pilze, beziehen alle notwendigen Stoffe für ihr Überleben aus diesen Organismen und schädigen oder schwächen sie dadurch. Die parasitischen Pilze, die in diesem Buch vorgestellt werden, leben von Bäumen. Bei manchen Arten kann das Holz eine charakteristische Farbe annehmen (*siehe Kasten*). Beispiele für parasitierende Pilze sind die Hallimasche (Gattung *Armillaria*) oder die Schüpplinge (Gattung *Pholiota*).

Saprobionten: Sie leben an Standorten mit faulenden oder verwesenden Stoffen und ernähren sich von den abgestorbenen Organismen wie Blättern, Nadeln, Ästen oder Stämmen. Letztlich produzieren sie Humus und anorganische Stoffe, die die Pflanzen wieder aufnehmen. Beispiele sind der Parasol (*Macrolepiota procera,* siehe Seite 90/91), der Rehbraune Dachpilz (*Pluteus cervinus,* siehe Seite 148/149) oder die Schwefelköpfe (Gattung *Hypholoma*)

Mykorrhiza

Mykorrhizapilze gehen mit Bäumen eine Symbiose ein, das heißt eine enge Lebensgemeinschaft, von der beide Partner profitieren und wodurch sie in ihrer Entwicklung unterstützt werden. Baumwurzel und Hyphen bilden ein enges Geflecht und tauschen lebenswichtige Stoffe aus: Der Pilz bekommt vom Baum die Fotosyntheseprodukte (Kohlenhydrate wie Zucker), der Baum vom Pilz Wasser und Nährsalze, die der Pilz dank seiner feineren Hyphen besser aus dem Boden aufnehmen kann. Bekannte Beispiele für Mykorrhizapilze sind Birkenpilze (*Leccinum scabrum*, siehe Seite 70/71), die nur unter Birken vorkommen, oder Fichten-Steinpilze (*Boletus edulis*, siehe Seite 42/43), die nur unter Fichten gedeihen. Unter dem Stichpunkt »Vorkommen« sind in den Pilz-Porträts jeweils auch die Partnerbäume genannt, weil sie ein wichtiges Bestimmungskriterium darstellen.

Braunfäule – Weißfäule

Bei der ***Braunfäule*** *wird durch den holzzersetzenden Pilz vor allem die Zellulose (Bestandteil der Zellwand) im Holz abgebaut. Das Holz verliert dadurch an Festigkeit und reißt. Im fortgeschrittenen Stadium zerfällt es zu Pulver. Dieser Prozess findet meist im Inneren des Baumes statt, sodass ein befallener Baum plötzlich zusammenbricht. Braunfäule kann tote (auch Bauholz) und lebende Bäume betreffen. Da das dunkelbraune Lignin (Bestandteil der Zellwand) übrig bleibt, färbt sich das Holz braun. Braunfäulepilze sind zum Beispiel die Krause Glucke (*Sparassis crispa*, siehe Seite 208/209) oder der Schwefelporling (*Laetiporus sulphureus*, siehe Seite 200/201).*

Bei der ***Weißfäule*** *werden neben der Zellulose auch die Hemizellulose (Bestandteil der Zellwand) und das Lignin abgebaut. Dadurch wirkt das Holz eher einheitlich hell. Das Holzgefüge bleibt erhalten, das Holz wird aber leichter und faseriger. Der Abbauprozess findet sowohl an lebenden als auch an toten Bäumen (auch Lagerholz), vor allem an Laubbäumen, statt. Beispiele für Weißfäulepilze sind der Austernseitling (*Pleurotus ostreatus*, siehe Seite 112/113) oder das Stockschwämmchen (*Kuehneromyces mutabilis*, siehe Seite 102/103).*

PILZE IN DER NAHRUNGSKETTE

Durch den Abbau von organischem Material stellen die Pilze den Pflanzen Nahrung zur Verfügung, gleichzeitig sid sie selber Nahrung für Insekten, Tiere und Menschen.

Entwicklung in Pilzen

Die Insektenfamilien der Pilzmücken und Pilzfliegen nutzen Pilze als Lebensraum und Nahrung für ihre Larven. Deren Fraßgänge finden sich häufig in den Fruchtkörpern oder Hypen und machen den Pilz für den Menschen ungenießbar.

Die Maden der Pilzmücke durchlaufen ihre Entwicklung in einem Steinpilz.

Die Pilzmücken sind in Europa mit etwa 1000 Arten vertreten. Die schlanken Mücken sind maximal fünf Millimeter groß, gelblich bis bräunlich gefärbt und stechen nicht. Hauptlebensraum sind Wälder, weil ihnen kühle, feuchte Orte am meisten zusagen. Viele Arten davon legen ihre Eier an Pilzen ab. Die daraus schlüpfenden Larven leben und fressen im Inneren der Fruchtkörper oder der Hyphen. Dort verpuppen sie sich auch. Nach einer Entwicklungszeit von 10 bis 14 Tagen schlüpfen die erwachsenen Insekten.

Hier haben Nacktschnecken an einem Austernseitling gefressen. Sie hinterlassen meist flache Gruben im Pilzfleisch.

Die Pilz- oder Tummelfliegen sind mit maximal drei Millimeter Körpergröße noch kleiner als die Pilzmücken. Bei uns gibt es über 20 Arten dieser Fliegen. Die Weibchen legen ihre Eier meist an Baumpilzen ab. Die schlüpfenden Larven fressen an den Pilzen. Zur Verpuppung wandern sie in den Boden.

Symbiose Pilze – Insekten

- *Als sesshafte Lebewesen sind Pilze darauf angewiesen, dass ihre Sporen weit verbreitet werden. Stinkmorcheln, Tintenfischpilze und Verwandte haben eine exklusive Methode dafür entwickelt. Sie bilden zur Reifezeit eine schleimige Masse auf ihren Fruchtkörpern, in der die Sporen eingebettet sind. Diese Masse riecht für unsere Nasen äußerst unangenehm nach Aas oder Kot, doch Aasfliegen oder Mistkäfer werden davon magisch angezogen. Die Insekten fressen von der Masse. Beim Weiterfliegen nehmen sie Sporen mit und verbreiten sie auf diese Weise.*

- *Holzwespen (Familie* Siricidae*) legen ihre Eier in das Holz von Nadel- oder Laubbäumen. Die schlüpfenden Larven fressen sich während ihrer Entwicklungszeit durch das Holz. Allerdings ernähren sie sich nicht direkt vom Holz, sondern von Holz, das zuvor von bestimmten Pilzen zersetzt wurde. Das Holz wurde bei der Eiablage vom Holzwespen-Weibchen mit dem Pilz infiziert. Beide Partner profitieren, weil der Pilz einen neuen Lebensraum bekommt, die Larven durch ihn Nahrung.*

Nahrung für Tiere

Auch Schnecken und Käfer nutzen Pilze als Nahrungsquelle. Immer wieder kann man die typischen Schleim- und Fraßspuren von Schnecken auf den Hüten und Stielen finden. Dabei handelt es sich häufig um Nacktschnecken, meist um die Braune Wegschnecke (*Arion subfuscus*). Sie raspeln mit ihrer Reibezunge den Pilzfruchtkörper ab oder fressen ihn ganz. Bei den Käfern ernähren sich die Larven und erwachsenen Käfer aus der Familie Pilzkäfer (Gattungen *Tritoma, Triplax* oder *Dacne*) überwiegend von Baumpilzen.

Unter den Säugetieren gehören zum Beispiel Mäuse, Eichhörnchen, Hasen, Kaninchen oder Rehe zu den Feinschmeckern, die sich manchmal an den Fruchtkörpern gütlich tun. Dass Hausschweine wegen ihrer Leidenschaft für Trüffel und ihrer guten Nase zur Suche dieser unterirdisch wachsenden Fruchtkörper ausgebildet werden, hat sicher jeder schon gehört. Aber auch Wildschweine graben gern nach den Fruchtkörpern.

BESTIMMUNGSHILFEN

Alle vier Arten rechts im Bild, Fliegenpilz, Zunderschwamm, Geweihförmige Holzkeule und Krause Glucke, gehören zu den Pilzen. Sie zeigen das breite Spektrum an Formen und Farben der Pilze. Um korrekt bestimmen und Arten, die sich ähnlich sehen, unterscheiden zu können, muss man bestimmte Merkmale beachten. Folgende Fragen können dabei hilfreich sein:

- Ist der Fruchtkörper in Hut und Stiel gegliedert oder weist er eine andere Form auf, etwa Korallenform (siehe Seite 204–207), Becherform (siehe Seite 242–245), Konsolenform (siehe Seite 198–203) oder Gehirnform (siehe Seite 208/209)?
- Wie ist der Hut geformt?
- Besteht die Fruchtschicht aus Lamellen, Röhren, Leisten, Stacheln oder sieht sie anders aus?
- Wie ist das Aussehen der Lamellen oder Röhren?
- Befindet sich am Stiel ein Ring?
- Wie ist die Oberfläche des Stiels beschaffen?
- Wie ist der Stiel geformt?
- Welche Farbe hat das Fleisch? Verfärbt es sich im Anschnitt oder auf Druck?

Wichtig: Bestimmen Sie eine Pilzart nie anhand eines einzigen Fruchtkörpers. Wegen der hohen Variabilität könnte dies zu gefährlichen Verwechslungen führen.

Hutpilze

Die Fruchtkörper der meisten Pilze, die als Speisepilze gesucht werden, sind in Hut und Stiel gegliedert.

Hutform: Sie variiert meist zwischen jungen und älteren Exemplaren der gleichen Art. Detail-Illustrationen der wichtigsten im Folgenden genannten Hutformen finden Sie auf der hinteren Umschlagklappe. Junge Fruchtkörper haben meist einen kugeligen bis halbkugeligen Hut, der sich im Lauf der Reife nach außen und oben ausdehnt und dadurch zuerst eine gewölbte (schirmförmig ausbreitet), schließlich eine flach ausgebreitete Form annimmt. Ist die Oberseite stark vertieft, spricht man von einem trichterförmigen, bei mäßiger Vertiefung von einem schüsselförmigen Hut. Bei einem gebuckelten Hut erhebt sich im Zentrum der Wölbung ein Buckel, ein kegelförmiger Hut weist einen spitzen Scheitel und schräg verlaufende Seiten auf. Ist

Der Fliegenpilz ist ein typischer Pilz mit Einteilung in Hut und Stiel. Er wächst vor allem bei Fichten.

Die Krause Glucke erinnert im Aussehen an einen Badeschwamm, ist aber ein schmackhafter Speisepilz.

Der Zunderschwamm, ein Porling, befällt liegende und stehende Stämme. Er erzeugt Weißfäule.

Die Geweihförmige Holzkeule ähnelt den Geweihschaufeln von Elchen. Ihr zähes Fleisch ist ungenießbar.

ein halbkugeliger Hut etwas höher als breit, bezeichnet man ihn als glockig, ist er sehr viel länger als breit, ist er walzenförmig.

Hutoberseite: Sie kann flockig, schuppig oder samtig bereift, aber auch glatt und glänzend sein. Bei manchen Arten haben die Fruchtkörper bei feuchtem Wetter eine schleimige, schmierige Hutoberseite, bei trockener Witterung ist sie dagegen matt. Gibt die Huthaut während des Wachstums nicht nach, reißt sie ein, dabei können radiale Risse oder feinere bis grobere Felder entstehen. Als Überreste der Gesamthülle (siehe Seite 10) können manche Arten wie der Fliegenpilz (*Amanita muscaria,* siehe Seite 76/77) Flocken auf dem Hut tragen. Ihre Farbe kann ein wichtiges Abgrenzungsmerkmal unterschiedlicher Arten sein (etwa Perlpilz, *Amanita rubescens* – Pantherpilz, *Amanita pantherina*). Doch Achtung, die Flocken können vom Regen abgewaschen werden, dann erscheint der Hut glatt und der Pilz wird unter Umständen falsch bestimmt.

Hutfarbe: Sie ist das erste Kennzeichen, das dem Pilzsucher ins Auge fällt, und kann zum groben Einteilen der Arten dienen. Zur Bestimmung ist die Farbe aber nicht ausreichend, weil sie von einem zum anderen Individuum wechseln kann. Auch können junge Exemplare anders gefärbt sein als ältere. Bei manchen Arten wechselt die Farbe auch je nach Witterung: Ist es feucht, nimmt der Hut Wasser auf, dadurch wird er dunkler, bei trockenem Wetter gibt er das Wasser ab und wird wieder heller. Dies nennen Pilzfachleute »hygrophan«. Bekanntes Beispiel ist das Stockschwämmchen (*Kuehneromyces mutabilis*, siehe Seite 102/103).

Hutrand: Er kann glatt, gewellt, gerillt oder gerieft sein. Bei feuchtem Wetter können die Lamellen durchscheinen, dann nennt man den Hutrand durchscheinend gerieft. Bei jungen Fruchtkörpern ist der Rand meist eingerollt (siehe Illustration, hintere Umschlagklappe), während der Reifung breitet sich der Hut aus, der Rand entrollt sich. Manche Arten haben auch in älterem Zustand noch einen eingerollten Rand. Ist der junge Fruchtkörper von einem Velum umschlossen (siehe Seite 10), können Reste als häutiger Saum am Hutrand hängen.

Bei der Rotkappe (Gattung Leccinum*) steht der Hutrand über. Die Fruchtschicht besteht aus Röhren.*

Wie die Lamellen auf den Stiel laufen, ist wichtig für die Bestimmung. Bei der Nebelkappe sind sie breit angewachsen bis leicht herabfallend.

Fruchtschicht

Bei den meisten Hutpilzen befindet sich die Fruchtschicht auf der Unterseite des Hutes.

Lamellen oder Blätter Sie sind strahlenförmig um den Stiel angeordnet und können eine dicke oder schmale Schicht bilden. Die Dicke lässt sich im Hutanschnitt erkennen. Sie können eng oder weit auseinander stehen und zum Teil mit kürzeren Lamellen untermischt sein. Auch können sie sich gabelig verzweigen oder Querverbindungen bilden. Bei ihrer Konsistenz unterscheidet man weich und biegsam oder brüchig. Die Farbe der Lamellen von jungen Fruchtkörpern kann von der Farbe älterer Exemplare abweichen. Das hängt mit der Sporenfarbe zusammen. Bei weißen Sporen bleibt die Lamellenfarbe während der ganzen Entwicklungszeit gleich.

Ein wichtiges Bestimmungsmerkmal ist die Art und Weise, wie die Lamellen am Stiel angewachsen sind (siehe Umschlagklappe hinten). Man unterscheidet

- *frei:* Die Lamellen berühren den Stiel gar nicht.
- *Kollar:* Dies ist eine Sonderform der freien Lamellen. Sie sind am Ende mit einer ringförmigen Manschette oder einem ringförmigen Wulst miteinander verbunden, dadurch sind sie besonders deutlich vom Stiel getrennt. Ein Kollar findet man zum Beispiel beim Parasol (*Macrolepiota procera,* siehe Seite 90/91).

Kennzeichen der Knollenblätterpilze: Stets weiße Lamellen, die am Stiel ausgebuchtet sind, ein Ring am Stiel sowie eine Scheide um die knollige Stielbasis.

- *ausgebuchtet:* Die Lamellen berühren den Stiel an einer schmalen Stelle, sind zuvor aber mehr oder weniger bauchig nach außen gewölbt.
- *Burggraben:* Davon spricht man, wenn die Lamellen besonders stark ausgebuchtet angewachsen sind, etwa bei den Ritterlingen (Gattung *Tricholoma*).
- *gerade:* Die Lamellen sind mit der ganzen Breite am Stiel angewachsen.
- *herablaufend:* Die Lamellen laufen am Stiel herab, an der Übergangszone hat er ein runzeliges Aussehen.

Röhrenförmige Fruchtschicht Sie wirkt auf den ersten Blick wie ein Schwamm mit kleinen Löchern und besteht aus dicht nebeneinanderstehenden Röhren.

Die Röhrenschicht kann gerade oder ausgebuchtet am Stiel angewachsen sein oder leicht am Stiel herablaufen. Auch kann sie bei älteren Exemplaren bauchig nach unten gewölbt sein und dann unter dem Hut hervorschauen wie beim Birkenpilz (*Leccinum scabrum,* siehe Seite 70/71). Die Röhrenöffnungen heißen Poren. Ihr Durchmesser schwankt zwischen 0,1 Millimeter bis zu mehreren Millimetern, er kann sich im Lauf der Entwicklung auch vergrößern. Der Porenquerschnitt kann rund, eckig oder länglich sein. Röhren und Poren können hell oder intensiv gefärbt sein, bei manchen Arten kann die Porenfarbe von der Röhrenfarbe abweichen. Auch können sich Röhren und Poren auf Druck verfärben.

Stacheln Sie können während der Reifung weiterwachsen und sind dann bei älteren Fruchtkörpern länger als bei jungen. Meist sind sie relativ brüchig.

Leisten Sie können gelegentlich Lamellen ähnlich sehen. Bei manchen Arten kann die Hutunterseite auch fast glatt oder nur leicht gefältelt oder gerunzelt sein.

Sporenpulver

Legt man den Hut eines Lamellenpilzes abgedeckt mit den Lamellen nach unten für einige Zeit auf weißes Papier, kann man nach dem Hochheben einen Negativabdruck der Lamellen erkennen – vorausgesetzt, man hat eine Pilzart mit farbigen Sporen vor sich. Verursacht wird dies durch das Sporenpulver, das sich auf dem Papier abgelagert hat. Die Farbe der Sporen ist eine wichtige und sichere Bestimmungshilfe bei manchen Pilzarten. Deshalb ist sie bei jeder Art im Buch angegeben. Die Sporen können einen eventuell vorhandenen Ring oder den Stielbereich unter dem Hut färben, wenn sie herausfallen. Ist das Sporenpulver dunkel, werden die Lamellen bei älteren Fruchtkörpern ebenfalls dunkler.

Stiel

Der Stiel variiert je nach Pilzart in Form, Farbe und Oberflächenbeschaffenheit. Auch die Länge ist starken Schwankungen unterworfen, je nachdem, wo der Fruchtkörper wächst. Die Schwankungsbreite ist in den Porträts angegeben. Die Stiele können vollfleischig, völlig

Der Fliegenpilz ist sicher der bekannteste Pilz und gut an den weißen Flocken auf rotem Hut zu erkennen.

Der recht schlanke, zähe, elastische Stiel des Nelkenschwindlings ist oberseits glatt bis feinfilzig.

hohl oder mit hohlen Kammern versehen sein. Meist sitzen sie mittig am Hut an. Als exzentrisch bezeichnet man einen Stiel, der nicht genau in der Hutmitte, aber auch nicht am Rand ansetzt.

Form des Stiels Der »typische Pilz«, der Steinpilz, hat einen bauchigen Stiel, das heißt, er verjüngt sich sowohl an der Basis als auch an der Spitze. Das gilt zum Beispiel für viele Röhrenpilze. Ist der Stiel nur nach oben verjüngt, spricht man von einem keuligen Stiel. Weitaus mehr Fruchtkörper haben jedoch einen zylindrischen Stiel, der in ganzer Länge mehr oder weniger gleich dick ist. Wachsen die Fruchtkörper eng beieinander, kann der Stiel gebogen sein.

Oberfläche des Stiels Sie kann trocken oder schmierig, glatt und kahl oder längsfaserig, geschuppt, geflockt oder bereift sein. Einen Stiel nennt man genattert, wenn seine Oberfläche beim Längenwachstum des Fruchtkörpers reißt. Es entsteht ein Muster wie bei einer Schlange. Manchmal kann man eine netzartige Struktur erkennen, die den ganzen oder einen Teil des Stiels überzieht. Die Form der Netzmaschen – weit oder eng, länglich oder rund – stellt ein wichtiges Bestimmungsmerkmal dar.

Bei den Schleierlingen (Gattung *Cortinarius*, siehe Seite 166–171) besitzen die jungen Fruchtkörper ein spinnwebartig feines Velum partiale, die Cortina, deren Reste bei älteren Fruchtkörpern als schleierartige Ringzone am Stiel, die Cortinazone, sichtbar sein können.

Stielbasis Der Stiel kann sich nach unten verjüngen, also verschmälern, er kann in ein Myzelfilz übergehen oder sich knollig verbreitern. Die Knolle kann zusätzlich noch mit Warzenkränzen besetzt, von einer Scheide umgeben oder mit einem Wulst versehen sein.

Stielscheide Damit ist die Scheide gemeint, in der zum Beispiel der knollenförmige Stielfuß des Grünen Knollenblätterpilzes steckt (siehe Illustration des ganzen Pilzes, hintere Umschlagklappe). Die Scheide ist der Überrest der Gesamthülle, auch Volva genannt. Da sie einerseits ein wichtiges Bestimmungsmerkmal ist, andererseits aber oft tief verborgen im Boden steckt, sollten Sie jeden Pilz, bei dem Sie sich nicht sicher sind, aus dem Boden heben, um eine mögliche Scheide erkennen zu können.

Das Fleisch des Flockenstieligen Hexenröhrlings blaut im Anschnitt.

Ring

Der Ring ist der Überrest der Teilhülle (Velum partiale), die während der Reifung des Fruchtkörpers die Fruchtschicht schützend umhüllt. Er kann häutig oder flockig sein, schlaff herabhängen oder nach oben weisen. Auch doppelte Ringe können vorkommen. Der Ring kann unter bestimmten Bedingungen, etwa bei älteren Fruchtkörpern, vom Stiel abfallen. Deshalb sollten alle anderen Bestimmungsmerkmale immer zusätzlich kontrolliert werden.

Achtung

Bitte verzichten Sie bei allen Fruchtkörpern darauf, etwas vom rohen Fleisch zu probieren. Bei manchen Arten wie den Knollenblätterpilzen oder dem Gifthäubling kann bereits ein winziges Stück zu Vergiftungen führen!

Fleisch

Geschmack: Bei vielen Fruchtkörpern entscheidet der Geschmack über ihre Verwertbarkeit. Denn sind die Pilze zwar ungiftig, aber bitter, sind sie nicht genießbar. So kann bereits ein winziges Stück des Gallenröhrlings oder des Speitäublings ein Gericht ungenießbar machen.

Geruch: Viele Fruchtkörper strömen einen charakteristischen Geruch aus, etwa Anis beim Schaf-Champignon (*Agaricus arven-*

sis, siehe Seite 96/97), Karbol beim Karbol-Champignon (*Agaricus xanthoderma*, siehe Seite 98/99) oder Rettich beim Rehbraunen Dachpilz (*Pluteus cervinus*, siehe Seite 148/149). Da der menschliche Geruchssinn unterschiedlich ausgeprägt ist, sollten Sie sich bei der Bestimmung aber nie auf den Geruch allein verlassen.

Farbe: Bei einigen Fruchtkörpern verfärben sich das Fleisch und die Lamellen im Anschnitt oder bei Druck bläulich, grünlich, schwärzlich, gelblich oder rötlich. Diese Verfärbung – eine Reaktion auf den Luftsauerstoff – verschwindet oft nach einer gewissen Zeit wieder.

WANN KANN MAN PILZE FINDEN?

Grundsätzlich lassen sich in allen Monaten Pilze finden, die meisten erscheinen allerdings im Sommer und Herbst (siehe Tabelle). Bei manchen Arten hat der Wuchszeitpunkt Eingang in den Namen gefunden, etwa beim Mairitterling (*Calocybe gambosa*, siehe Seite 132/133) oder Sommer-Steinpilz (*Boletus reticulatus*, siehe Seite 44/45) als Abgrenzung zum Fichten-Steinpilz, der etwas später erscheint.

Essbare Pilze in den Jahreszeiten

Pilzname	1	2	3	4	5	6	7	8	9	10	11	12
Spitzmorchel			●	●	●							
Speisemorchel				●	●							
Judasohr	●	●	●	●	●	●	●	●	●	●	●	●
Riesenbovist						●	●	●	●	●	●	
Flaschen-Stäubling							●	●	●	●	●	
Totentrompete								●	●	●	●	
Echter Pfifferling							●	●	●	●	●	
Krause Glucke							●	●	●	●	●	
Brätling							●	●	●	●	●	
Edelreizker								●	●	●	●	

Pilzname	1	2	3	4	5	6	7	8	9	10	11	12
Speisetäubling					•	•	•	•	•	•		
Frauentäubling							•	•	•	•		
Schopftintling					•	•	•	•	•	•	•	
Schleiereule									•	•	•	
Rauchblättriger Schwefelkopf			•	•	•	•	•	•	•	•	•	•
Samtfußrübling	•	•	•							•	•	•
Nelkenschwindling					•	•	•	•	•	•	•	
Echter Knoblauch-schwindling						•	•	•	•	•	•	
Mairitterling				•	•	•						
Brauner Rasling				•	•				•	•	•	
Austernseitling	•	•	•							•	•	•
Reifpilz								•	•	•		
Stockschwämmchen					•	•	•	•	•	•	•	•
Schaf-Champignon						•	•	•	•	•		
Wiesen-Champignon						•	•	•	•	•		
Parasol							•	•	•	•		
Perlpilz						•	•	•	•	•		
Heide-Rotkappe						•	•	•	•	•	•	
Birkenpilz						•	•	•	•	•		
Körnchenröhrling						•	•	•	•	•		
Maronenröhrling							•	•	•	•	•	
Sommer-Steinpilz					•	•	•	•	•			
Fichten-Steinpilz							•	•	•	•		

Das richtige Pilzwetter

Für ihr Wachstum und die Ausbildung von Fruchtkörpern brauchen Pilze viel Feuchtigkeit sowohl in der Luft als auch im Boden und Wärme. Jede Art hat dabei ihre »Wohlfühltemperatur«, die innerhalb eines bestimmten Bereichs liegt. Ist es kälter oder heißer, stellen sie ihr Wachstum ein. Manche Kältespezialisten gedeihen allerdings auch im Winter. Wenn es nach einer trockenen Warmperiode längere Zeit regnet und die Temperaturen nicht sinken, ist das entstehende Treibhausklima dann wie geschaffen für Pilzwachstum. Dann sprießen sie tatsächlich »wie Pilze« aus dem Boden.

Besonders wärmeliebende Arten, deren Verbreitungsschwerpunkt eher die Mittelmeerländer sind, kommen bei uns höchstens im Rheingraben oder bei Passau vor. Dazu gehört zum Beispiel der Kaiserling (*Amanita caeserea*, siehe Seite 88/89).

WO WACHSEN PILZE?

Pilze stellen an ihre Umgebung sehr spezielle Ansprüche. Deshalb findet man nicht alle Arten in allen Lebensräumen. Das Wissen darüber, wo eine Pilzart vorkommt, hilft bei der Bestimmung.

Waldland ist Pilzland

Viele der häufig gesammelten Speisepilze wachsen im Wald. Grund ist die symbiotische Lebensgemeinschaft, die eine große Anzahl von Arten mit Bäumen eingehen, Mykorrhiza genannt (siehe Seite 13). Deshalb wachsen Pilze auch in Parks und Gärten, wo Bäume stehen. Ein weiterer Grund ist, dass es im Wald reichlich abgestorbenes Pflanzenmaterial gibt, das die Pilze zersetzen können.

Doch Wald ist nicht gleich Wald. Manche Pilzarten sind an Nadelbäume gebunden, andere an Laubbäume, wieder andere können eine Lebensgemeinschaft sowohl mit Laub- als auch mit Nadelbäumen eingehen. Die wichtigsten Partnerbäume in unseren Breiten sind Fichte, Rotbuche, Birke, Eiche und Kiefer (siehe Tabelle Seite 28).

Aber nicht nur Mykorrhizapilze können auf eine bestimmte Baumart spezialisiert sein. Auch manche Saprobionten gedeihen nur auf Holz oder Laub bzw. Nadeln von Laub- oder Nadelbäumen. So findet man die Schmetterlings-Tramete (*Trametes versicolor,* siehe Seite 198/199), die Geweihförmige Holzkeule (*Xylaria hypoxylon,* siehe Seite 246/247) oder den Rehbraunen Dachpilz (*Pluteus cervinus,* siehe Seite 148/149) nur auf Rotbuchenholz.

Häufige Mykorrhizabäume

Nicht unter jedem Baum gedeihen Pilze. Bei uns gibt es fünf Arten, die von Pilzen bevorzugt werden. Fichte und Rotbuche sind dabei führend.

Baumart	Pilzarten (Auswahl)
Fichte	Fichten-Steinpilz (*Boletus edulis*, Seite 42/43) Flockenstieliger Hexenröhrling (*Boletus erythropus*, Seite 46/47) Maronenröhrling (*Xerocomus badius*, Seite 54/55) Rotfußröhrling (*Xerocomus chrysenteron*, Seite 56/57) Fliegenpilz (*Amanita muscaria*, Seite 76/77)
Kiefer	Maronenröhrling (*Xerocomus badius*, Seite 54/55), Sandröhrling (*Suillus variegatus*, Seite 60/61), Butterpilz (*Suillus luteus*, Seite 62/63), Reifpilz (*Rozites caperatus*, Seite 108/109)
Rotbuche	Sommer-Steinpilz (*Boletus reticularis*, Seite 44/45) Satansröhrling (*Boletus satanas*, Seite 50/51) Perlpilz (*Amanita rubescens*, Seite 78/79) Grüner Knollenblätterpilz (*Amanita phalloides*, Seite 80/81) Totentrompete (*Craterellus cornucopioides*, Seite 214/215)
Birke	Birkenpilz (*Leccinum scabrum*, Seite 70/71) Heide-Rotkappe (*Leccinum versipelle*, Seite 72/73) Fliegenpilz (*Amanita muscaria*, Seite 76/77) Rotbrauner Scheidenstreifling (*Amanita fulva*, Seite 150/151)
Eiche	Sommer-Steinpilz (*Boletus reticularis*, Seite 44/45) Ziegelroter Risspilz (*Inocybe erubescens*, Seite 160/161) Netzstieliger Hexenröhrling (*Boletus luridus*, Seite 48/49), Grüner Knollenblätterpilz (*Amanita phalloides*, Seite 80/81)

Haben Sie Pilze geerntet, sollten diese luftig liegen, um nicht zu verderben. Ein Korb eignet sich sehr gut für den Transport.

Weitere Fundorte

Aber auch außerhalb der Wälder lohnt es sich, nach Pilzen Auschau zu halten, so zum Beispiel auf Wiesen und Weiden, Mager- und Trockenrasen, in Mooren und sogar auf Grünstreifen in der Stadt.

Bodenbeschaffenheit

Die Beschaffenheit des Untergrunds spielt ebenfalls eine Rolle, denn manche Pilzarten gedeihen nur auf speziellen Böden, die einen bestimmten Säure- oder Basengrad aufweisen oder die reichlich Stickstoff enthalten, also gedüngt sind.

PILZE RICHTIG SAMMELN

Jedes Jahr zieht es viele Menschen vor allem im Herbst in die Wälder. Sie sind auf der Suche nach essbaren Pilzen wie Steinpilzen oder Pfifferlingen. Was sollte man dabei bedenken?

Voraussetzung ist, dass man die Pilze, die man sammelt, auch richtig bestimmt, um sich nicht zu vergiften (siehe Seite 16). Es reicht in der Regel nicht, die Fruchtkörper nur mit den Bildern in Büchern zu vergleichen, sondern man sollte auch die Texte dazu lesen. Denn manche Merkmale kann man auf Fotos nicht erkennen. Sollten Sie sich selbst nach Abgleich mit Fotos und Text nicht sicher sein, lassen

Sammler-Regeln

- *Sammeln Sie nur Arten, die Sie sicher kennen. Sind Sie Anfänger, sollten Sie mit den Röhrenpilzen beginnen, da es darunter keine tödlich giftigen Arten gibt.*
- *Wenn Sie kein Pilzbestimmungsbuch dabei haben, in dem Sie eine unbekannte Art sofort nachschlagen können, legen Sie diese Fruchtkörper getrennt von den bekannten. Solche Fruchtkörper sollten Sie auf jeden Fall aus dem Boden drehen, um eine eventuell vorhandene Knolle oder Stielscheide als wichtiges Bestimmungsmerkmal zu sichern.*
- *Prüfen Sie bei Arten, die Ihnen nicht so geläufig sind, mehrere verschieden alte Fruchtkörper auf die Bestimmungsmerkmale, denn die Altersstadien können unterschiedlich aussehen.*
- *Nehmen Sie nur unversehrte Fruchtkörper mit. Ganz junge Fruchtkörper sollten Sie allerdings stehen lassen, damit sie noch Zeit zum Ausstreuen der Sporen bekommen.*
- *Lassen Sie alte, von Maden befallene oder bereits verdorbene, zum Beispiel erfrorene Fruchtkörper stehen, sie haben weiterhin ihre Aufgabe im Kreislauf der Natur.*

Sie den Pilz besser stehen oder von einem Fachmann begutachten. In manchen Städten und Gemeinden gibt es Pilzberatungsstellen (Adressen finden Sie im Service-Teil ab Seite 254 sowie im Internet). Dort werden oft auch geführte Pilztouren angeboten, bei denen Sie das Bestimmen und Sammeln erlernen oder vertiefen können. Auch Volkshochschulen bieten solche Touren an. Sind Sie wirklich sicher, dass Sie nur essbare Fruchtkörper im Korb liegen haben, geht es an die Verwertung (siehe Seite 31).

Die richtige Ausrüstung

Für Ihr Sammelgut benötigen Sie zuallererst ein offenes, luftiges Gefäß, in dem die Pilze Feuchtigkeit abgeben können. Luftdicht verschlossen, etwa in einer Plastiktüte, würden sie schnell verderben. Gut geeignet sind größere Körbe aus Weidengeflecht oder ähnlichem Material, denn hier kann die Luft zirkulieren. Außerdem können Sie die Pilze nebeneinander legen und dadurch Druckstellen vermeiden.

Ob Sie ein Messer nehmen und den Fruchtkörper knapp über dem Boden abschneiden oder ob Sie ihn vorsichtig aus dem Boden drehen, ist für die Unversehrtheit des Pilzgeflechts unerheblich. Allerdings sollten Sie nach dem Herausdrehen die im Boden entstandene Lücke mit Streu zudecken, denn das Myzel ist lichtempfindlich. Bei Fruchtkörpern, die auf Bäumen wachsen, brauchen Sie immer ein Messer zum Abschneiden.

Richtig umgehen mit den Pilzen

Sofort nach dem Sammeln sollten Sie die Fruchtkörper von anhaftenden Pflanzenresten reinigen. Schneiden Sie sie mittig durch, dann können Sie bereits erkennen, ob sie von Maden befallen sind. Stark befallene Exemplare sollten Sie zurücklassen. Hat der Hut eine schleimige Haut, sollten Sie diese sofort abziehen. Verwerten Sie die gesammelten Pilze möglichst rasch nach dem Schneiden.

PILZE VERWERTEN

Vor der Zubereitung sollten Sie die Fruchtkörper vorsichtig mit einem Tuch oder Küchenkrepp abreiben (auch ein Pinsel leistet gute Dienste) oder mit etwas Wasser waschen. Schadhafte Stellen werden ausgeschnitten. Anschließend werden die Fruchtkörper klein geschnitten und je nach Rezept gekocht, gebraten oder paniert. Manche Pilzarten sollte man nur unter Einhaltung bestimmter Vorgaben verwerten, um die eigene Gesundheit nicht zu gefährden. Diese sind in den Porträts jeweils unter dem Stichpunkt »Verwendung« vermerkt.

In Scheiben geschnitten und gebraten sind Steinpilze und Pfifferlinge ein wahrer Gaumenschmaus.

Die Spitz-Morchel ist ein aromatischer Speisepilz, der sich auch gut trocknen lässt.

Seit einigen Jahren ist bekannt, dass Pilze nicht nur gut schmecken, sondern dass sie auch gesund sind. So enthalten manche Arten überdurchschnittlich viele Mineralien, Spurenelemente oder Vitamine, bei einigen konnte man sogar immunsystemstärkende oder krebshemmende Inhaltsstoffe finden. Jedoch bestehen die Fruchtkörper zu einem hohen Prozentsatz aus Chitin, welches der Mensch nur schwer verdauen kann. Pilzgerichte sollten aus diesem Grund nicht zu oft gegessen werden.

Wichtig: Viele Pilze enthalten Stoffe, die giftig wirken und zu heftigen Verdauungsbeschwerden führen können, wenn man die Fruchtkörper roh isst. Durch Kochen oder Braten werden diese Giftstoffe jedoch zerstört. Deshalb nennt man sie hitzelabil. Dazu gehören etwa die Hämolysine. Grundsätzlich sollten Sie alle Pilze, auch gekaufte (Ausnahme Zucht-Champignons), vor dem Verzehr gut erhitzen. Getrocknete Pilze sollten aus dem gleichen Grund nach dem Einweichen nie roh gegessen, sondern im Einweichwasser gut gekocht werden.

HALTBAR MACHEN

Die meisten Pilze sind nicht lange lagerbar. Viele Arten wie der Schopftintling sollten sofort nach dem Sammeln verwertet werden. Wenn Sie mehr Pilze nach Hause gebracht haben, als Sie sofort verzehren können, müssen Sie schneller verderbliche Arten zuerst verbrauchen und die anderen für den nächsten Tag aufbewahren. Dazu legen Sie die gesäuberten Fruchtkörper am besten halbiert und mit der Schnittstelle nach unten in den Kühlschrank. Manche Arten kann man auch durch folgende Methoden haltbar machen.

Trocknen Dazu eignen sich nur festfleischige, aromatische Sorten. Sie werden gesäubert, in dünne Scheiben geschnitten und an einem warmen Platz (maximal 45 °C) nebeneinander ausgebreitet. Das kann zum Beispiel über dem Heizkörper oder im Backofen sein. Als Unterlage dient am besten ein Rost. Sie lassen sich auch sehr gut in speziellen Dörrapparaten trocknen. Gehen Sie dann nach Anleitung vor. Sobald der Trocknungsvorgang abgeschlossen ist, müssen die Pilze in Gläser oder Dosen mit Schraubdeckel oder in luftdicht verschlossenen Plastiktüten aufbewahrt werden. Sie dürfen nicht mehr längere Zeit der Luftfeuchtigkeit ausgesetzt sein. Gut getrocknete Pilze halten sich mehrere Jahre.

Pilzpulver Die getrockneten Fruchtkörper können Sie auch zu Pulver zermahlen. Damit kann man vielen Gerichten wie Eintöpfen, Suppen oder Saucen eine würzige Note verleihen. Kochen Sie das Pulver aber auf jeden Fall mit! Es ist etwa ein Jahr haltbar.

Achtung!

*Bei manchen Arten können Sie im Buch lesen, dass sie bei uns als ungenießbar gelten, aber in anderen Regionen Europas oder der Welt gegessen werden. Dazu gehört etwa der Wollschwamm (*Lactarius vellereus, *siehe Seite 188/189). Andere Arten wie der Kahle Krempling (*Paxillus involutus, *siehe Seite 172/173) galten dagegen früher als Speisepilz. Heute wird vor ihrem Verzehr gewarnt. Beim Kahlen Krempling weiß man inzwischen, dass er eine allergische Reaktion auslösen kann (siehe Seite 38). Der Grünling (*Tricholoma equestre, *siehe Seite 138/139) war bis Ende des letzten Jahrhunderts bei uns ein Marktpilz, wurde also auf Märkten zum Kauf angeboten. In Frankreich sind schon einige Menschen nach seinem Verzehr gestorben, jetzt gilt er als hoch giftig. Zu Ihrer Sicherheit sollten Sie sich an diese Verzehrverbote halten. Ziehen Sie bei der Bestimmung Ihrer Ausbeute auch Pilzliteratur neueren Datums zu Rate, weil darin diese Erkenntnisse bereits berücksichtigt sind.*

Einfrieren Die gereinigten Fruchtkörper werden halbiert oder geviertelt und in kochendem Salzwasser blanchiert. Nach dem Abschrecken in Eiswasser werden sie in Gefriergefäße gefüllt und schockgefroren. So sind sie drei bis sechs Monate haltbar. Sie können auch das fertige Pilzgericht einfrieren.

Pilze sammeln und Naturschutzbestimmungen beachten
Häufig heißt es, dass man durch das Sammeln von Fruchtkörpern zum Rückgang der Pilze beiträgt. Das stimmt so nicht. Wenn Sie die Regeln von Seite 31 beachten, fügen Sie den Pilzen keinen Schaden zu. Denn das Pilzgeflecht im Boden bleibt dabei unberührt. Dennoch sind viele Pilzarten gefährdet. Gründe für den Rückgang sind erhöhter Nährstoffeintrag durch intensive Landwirtschaft, Schadstoffeintrag, Verlust an Lebensräumen, saurer Regen sowie Luftschadstoffe. Einige Arten stehen unter Naturschutz, das heißt, sie dürfen nur für den Eigenbedarf gesammelt werden. Der Handel ist verboten.

Pilze züchten

Eine gute Methode, einer Vergiftung aus dem Weg zu gehen, besteht neben dem Kauf darin, Pilze zu Hause im Garten, Keller oder auf dem Balkon zu züchten. Dies ist etwa mit Austernpilzen, Champignons, Parasolen oder Riesenträuschlingen möglich. Im Handel gibt es die entsprechenden Substrate und Pilzkulturen.

GIFTPILZE – PILZGIFTE

Das A und O beim Pilzesammeln ist die korrekte Bestimmung der Arten. Das ist tatsächlich die einzige Möglichkeit, sich vor Vergiftungen zu schützen. Hartnäckig halten sich Gerüchte, dass Pilze mit tierischen Fraßspuren genießbar sind und dass man ein Gericht mit Giftpilzen daran erkennen kann, dass ein mitgekochter Silberlöffel braun anläuft oder eine Zwiebel schwarz wird. Keine dieser Regeln gibt tatsächlich über den Grad an Giftigkeit Auskunft! Jeder Sammler sollte die tödlich giftigen Pilzarten kennen und gleichzeitig ausschließlich bekannte essbare Pilze sammeln.

Viele Pilze müssen gar kein Gift enthalten und dennoch wirken sie giftig – dann nämlich, wenn wir sie roh verzehren. Dazu zählen auch

Der Tigerritterling löst selbst in geringen Mengen gegessen heftige Magen-Darm-Beschwerden aus.

Sein unangenehmer Geruch verhindert meist schon die Ernte. Gut so, denn der Satansröhrling ist giftig.

gute Speisepilze wie die Steinpilze. Nur Arten, die ausdrücklich als Salatpilze bezeichnet werden, können roh gegessen werden.

Die Giftarten

Reagieren Sie nach einer Pilzmahlzeit mit Magen-Darm- und/oder Kreislaufbeschwerden, kann es sein, dass Sie einen giftigen Pilz zu sich genommen haben (siehe unten), es kann aber auch sein, dass Sie auf eine Pilzart allergisch reagieren (siehe Seite 38).

Nicht alle giftigen Pilze beinhalten das gleiche Gift. Je nach chemischer Zusammensetzung schädigen die toxischen Stoffe ein anderes Organ oder Organsystem.

Nervenschädigende Pilzgifte

Innerhalb einer Stunde nach dem Essen treten Schweißausbrüche, vermehrter Speichelfluss, Zuckungen, Lähmungen und Sehstörungen, aber auch Atemnot und Herzklopfen auf. Auch rauschähnliche Zustände kommen vor.

Ibotensäure: Dieser Giftstoff löst weniger lebensbedrohliche Vergiftungen aus, doch er kann zu Sinnestäuschungen führen, weil er das

Zentralnervensystem beeinflusst. Relativ hoch konzentriert ist dieser Giftstoff in Pantherpilzen, auch der Fliegenpilz enthält Ibotensäure.

Muskarin: Es beeinträchtigt den Kreislauf und kann dadurch zu Herzversagen führen. Den höchsten Gehalt an Muskarin findet man bei uns in Risspilzen oder Gifttrichterlingen.

Den Magen-Darm-Trakt schädigende Pilzgifte

Bei diesen Giften ist die Latenzzeit relativ kurz. Bereits innerhalb von 30 Minuten nach dem Verzehr der Pilzmahlzeit kommt es zu mehr oder weniger starken Brechdurchfällen und Bauchschmerzen. Gefährlich sind die Austrocknung des Körpers infolge des starken

Richtig reagieren bei Vergiftung

Reagiert jemand nach dem Verzehr einer Pilzmahlzeit mit Vergiftungserscheinungen, ist Folgendes zu tun:

- *Der Magen muss sofort entleert werden, indem Erbrechen herbeigeführt wird (Erbrochenes für den Sachverständigen aufbewahren!).*
- *Auf keinen Fall dürfen alkoholische Getränke oder Milch verabreicht werden, weil sie die Giftreaktionen verstärken können.*
- *Sofort beim Giftnotruf anrufen, die Symptome und weitere Begleitumstände schildern und die weiteren Schritte erfragen.* *Die Telefonnummern finden Sie im Service-Teil ab Seite 254.*

Wichtig sind Angaben über die Zeit zwischen der Aufnahme des Pilzgerichts und dem Beginn der ersten Symptome, die Art und Schwere der Symptome und die Zubereitungsart des Pilzgerichts.

- *Im Anschluss muss der Patient sofort ins Krankenhaus gebracht werden, wenn nötig mit Hilfe eines Notarztes.*
- *Reste der verzehrten Mahlzeit, Putzreste der Pilze oder das Erbrochene selbst müssen zu dem vom Giftnotruf informierten Sachverständigen gebracht werden, damit er das Gift bestimmen und der Arzt die geeignete Therapie einleiten kann.*

Durchfalls und daraus resultierende Schädigungen, ältere Menschen können auch sterben. Die Vergiftungserscheinungen bestehen meist ein paar Tage, heilen aber in der Regel folgenlos aus. Solche Gifte enthalten zum Beispiel der Karbol-Champignon (*Agaricus xanthoderma,* siehe Seite 98/99) oder der Schwärzende Saftling (*Hygrocybe nigrescens,* siehe Seite 116/117). Stärkere Vergiftungserscheinungen lösen Tigerritterling (*Tricholoma pardalotum,* siehe Seite 136/137) oder Riesenrötling (*Entoloma sinuatum,* siehe Seite 120/121) aus.

Die tödlich wirkenden Gifte der Knollenblätterpilze greifen die Leber an.

Organschädigende Pilzgifte

Diese Gifte führen zu dauerhaften Organschädigungen. Betroffen sind vor allem die Leber und die Nieren, weil sie durch ihre Filterwirkung im Körper zuerst mit den Giftstoffen in Berührung kommen.

Amanitin und Phalloidin: Diese Gifte lassen sich weder durch Erhitzen noch durch Trocknen zerstören. Das Fatale daran ist, dass es erst etwa 8 bis 12 Stunden nach dem Verzehr zu einer Reaktion im Körper kommt (Latenzzeit). In der Zwischenzeit konnte das Gift bereits die Leber schädigen. Zu den Pilzarten, die dieses Gift enthalten, gehören die Knollenblätterpilze (Gattung *Amanita*) sowie der Gifthäubling (*Galerina marginata,* siehe Seite 104/105).

Gyromitrin: Nach einer relativ langen Latenzzeit von 6 bis 12 Stunden treten Vergiftungssymptome auf, die einer Vergiftung mit Knollenblätterpilzen ähneln. In dieser Zeit werden bereits die Leber und die Nieren geschädigt, die roten Blutkörperchen werden zerstört (Hämolyse). Auch Störungen im Zentralnervensystem wurden beschrieben. Die Krankheit kann leicht verlaufen, aber auch zum Tod führen. Das Gift wurde aus der Frühjahrslorchel (*Gyromitra esculenta,* siehe Seite 238/239) isoliert, nach der es auch benannt ist.

Orellanin: Unter diesem Namen wird eine Gruppe von Giftstoffen zusammengefasst, die die Nieren, aber auch die Leber dauerhaft schädigen und auch zum Tod führen können. Die Latenzzeit kann

Tage bis Wochen, ausnahmsweise Stunden dauern. Man findet die Gifte im Spitzgebuckelten Raukopf (*Cortinarius rubellus*, siehe Seite 162/163) und verwandten Arten.

Unverträglichkeiten und Allergien

Häufig wird von Vergiftungsfällen berichtet, bei denen eine Personengruppe ein und dasselbe Pilzgericht gegessen hat, aber nur eine einzige Person Schädigungen davontrug.

- Dies kann an einer individuellen Unverträglichkeit bestimmter Inhaltsstoffe liegen. So wirken alle *Suillus*-Arten auf dafür empfindliche Personen stark abführend. Die Betroffenen sollten solche Pilzarten in Zukunft strikt meiden.
- Es kann aber auch eine Allergie vorliegen. Dann besteht die Gefahr, dass sich die Reaktionen auf den Stoff nach einer weiteren Mahlzeit verstärken. Es kommt zu einer Sensibilisierung, weil sich Antigen-Antikörper-Komplexe im Blut bilden. Dies ist inzwischen vom Kahlen Krempling (*Paxillus involutus*, siehe Seite 172/173) bekannt. Der wiederholte Genuss kann durch Hämolyse zum Tod führen (Paxillus-Syndrom). Auch hier gilt: Betroffene müssen solche Pilzarten unbedingt meiden.

Neben dem Kahlen Krempling sind solche allergischen Reaktionen auch bekannt auf Butterpilz (*Suillus luteus*, siehe Seite 62/63), Riesenträuschling (*Stropharia rugosoannulata*, siehe Seite 100/101),

Der Kahle Krempling ist bekannt für seine allergische Wirkung, die bei empfindlichen Menschen sogar zum Tod führen kann.

Giftwirkung und Alkohol

*Beim Faltentintling (*Coprinus atramentarius, *siehe Seite 178/179) darf man kurz vor, während und bis zu drei Tage nach der Pilzmahlzeit keinen Tropfen (!) Alkohol zu sich nehmen. Dies liegt daran, dass man mit dem Pilz einen Stoff – das Coprin – aufnimmt, der verhindert, dass im Körper der Alkohol abgebaut werden kann. Es reichert sich ein giftiges Zwischenprodukt an, das zu Gesichtsrötung, beschleunigtem Puls, Herzklopfen, Hitzewallungen und Schwächeanfällen führt. Die Erscheinung heißt Coprinus-Syndrom. Coprin enthalten auch einige Vertreter der Gattung Clitocybe. In der Pilzliteratur wird der Netzstielige Hexenröhrling (*Boletus luridus, *siehe Seite 48/49) ebenfalls als Verursacher des Coprinus-Syndroms genannt.*

Graukappe (*Clitocybe nebularis,* siehe Seite 122/123), Violetter Rötelritterling (*Lepista nuda,* siehe Seite 134/135) oder Spitzmorchel (*Morchella conica,* siehe Seite 236/237).

Radioaktivität und Schwermetalle

Seit der Katastrophe von Tschernobyl 1986 weiß man, dass manche Pilzarten radioaktive Nuklide aus dem Boden aufnehmen und in ihren Zellen speichern. Beispiele sind der Maronenröhrling (*Xerocomus badius,* siehe Seite 54/55), der Semmelstoppelpilz (*Hydnum repandum,* siehe Seite 218/219) oder der Reifpilz (*Rozites caperatus,* siehe Seite 108/109). Auch heute noch, knapp 30 Jahre danach, kann man erhöhte Werte von radioaktivem Cäsium in besonders belasteten Gebieten, etwa in Südbayern, messen.

Es gibt zudem einige Pilzarten wie den Violetten Rötelritterling (*Lepista nuda,* siehe Seite 134/135) oder den Schaf-Champignon (*Agaricus arvensis,* siehe Seite 96/97), die neben Radionukliden auch Schwermetalle wie Quecksilber, Cadmium oder Blei aus der Umwelt aufnehmen und in ihren Zellen speichern können.

Wichtig: Um der Gefahr einer gesundheitsbedenklichen Anreicherung von radioaktiven Stoffen oder Schwermetallen vorzubeugen, sollten Sie solche Pilze höchstens einmal im Monat verzehren.

Röhrenpilze

Fichten-Steinpilz 🍴 (§)

Boletus edulis

Der Steinpilz verkörpert in seiner Optik und Form, mit dem gewölbten Hut und dem bauchigen Stiel, das klassische Bild eines Pilzes. Seinen deutschen Namen verdankt er dem steinähnlichen Aussehen des Hutes, welches besonders bei jungen Vertretern gut zu erkennen ist. Steinpilze gehören bei uns zu den beliebtesten Speisepilzen. Da sie vor allem in der Nähe von Städten gern gesucht werden, ist ihr Bestand in den letzten Jahren gesunken. Heute stehen sie deshalb unter Schutz.

VORKOMMEN in ganz Europa verbreitet, häufig, in der Nähe von Städten selten; Nadel- und Mischwälder; Mykorrhizapilz vor allem der Fichte, auch der Kiefer und anderer Nadelbäume, seltener der Rotbuche; auf mäßig sauren bis sauren Böden

GRÖSSE Stiel 5–15 cm lang, 2–7 cm Durchmesser; Hutdurchmesser 8–25 cm

Die jung weißlich grauen Röhren werden im Alter gelblicher.

MERKMALE Hut anfangs hellbraun, später unterschiedlich braun gefärbt; jung halbkugelig, ältere Exemplare flacher gewölbt; Hutoberseite samtig, glatt, bei Trockenheit auch etwas uneben, bei feuchtem Wetter leicht klebrig; Hutsaum schmal, weiß, häutig. Poren und Röhren jung weißgrau, werden während des Reifens immer gelblicher bis schmutzig olivgrün; am Stiel ausgebuchtet angewachsen. Stiel weißlich bis hell rotbraun, im oberen Drittel manchmal mit undeutlichem Stielnetz; jung bauchig, später zylindrisch mit abgerundeter Basis. Fleisch weißlich, bei älteren Fruchtkörpern im Hut etwas rotbräunlich; jung fest, später schwammig; Geruch angenehm würzig nach Pilz, Geschmack mild nussig. Sporenpulver olivbraun

VERWENDUNG essbar; begehrter Speisepilz, ist für alle Zubereitungsarten geeignet; lässt sich gut trocknen und einfrieren, ist einige Tage im Kühlschrank haltbar; ist leider oft von Maden befallen; Rohgenuss kann zu Magen-Darm-Problemen führen

VERWECHSLUNGSGEFAHR mit dem ungenießbaren, sehr bitter schmeckenden Gallenröhrling (*Tylopilus felleus*, siehe Seite 52/53), die Röhren älterer Gallenröhrlinge verfärben sich aber nicht gelbgrün, sondern rosa-bräunlich

Typisch

Fleisch und Röhren des Fichten-Steinpilzes verändern im Anschnitt oder auf Druck ihre Farbe nicht. Die Art wächst oft in der Nähe von Fliegenpilzen.

BEOBACHTUNGS-/SAMMELZEIT

J	F	M	A	M	J	J	A	S	O	N	D

Sommer-Steinpilz

Boletus reticulatus

Neben dem Fichten-Steinpilz (siehe Seite 42/43) ist der Sommer-Steinpilz, auch Eichen-Steinpilz genannt, mit die häufigste Steinpilzart hierzulande. Die beiden Arten unterscheiden sich, wie ihre Namen bereits andeuten, vor allem durch die Baumart, mit der sie in Symbiose leben. Aufgrund des relativ frühen Wachstums wird der Eichen-Steinpilz auch Sommer-Steinpilz genannt. Der wissenschaftliche Artname reticulatus *leitet sich von dem lateinischen Wort »reticulum« für Netz ab und bezieht sich auf das Stielnetz, das den ganzen Stiel umfasst.*

VORKOMMEN in Europa weit verbreitet, lokal häufig; lichte, grasige, sommerwarme Laub- und Mischwälder, auch Parkanlagen; Mykorrhizapilz der Eiche und Rotbuche; auf kalkhaltigen bis mäßig sauren Böden

GRÖSSE Stiel 6–20 cm lang, 3–8 cm Durchmesser; Hutdurchmesser 10–20 (–30) cm

MERKMALE Hut unterschiedlich braun gefärbt; jung halbkugelig, ältere Exemplare flacher gewölbt; Hutoberseite samtig, bräunlich matt, zur Mitte hin rauer; bei länger feuchtem Wetter leicht klebrig, bei trockener Witterung matt. Poren und Röhren jung weiß, später gelbgrün bis olivgrün, verfärben sich auf Druck nicht; am Stiel ausgebuchtet angewachsen. Stiel bräunlich, dunkler als beim Fichten-Steinpilz (siehe Seite 42/43); jung bauchig, später zylindrisch mit weißlicher, abgerundeter Basis. Fleisch durchgehend weißlich, unter der Huthaut bräunlich, verfärbt sich nicht im Anschnitt; fest, dick, im Hut bald weich und schwammig; Geruch angenehm, Geschmack mild, nussig. Sporenpulver olivbraun

Typisch

Der Stiel des Sommer-Steinpilzes ist fast vollständig von einem gut ausgeprägten, langmaschigen Stielnetz überzogen. Dieses ist bei jungen Pilzen weißlich, später bräunlich gefärbt.

VERWENDUNG essbar; jung guter Speisepilz, ist für alle Zubereitungsarten geeignet; lässt sich gut trocknen und einfrieren, ist einige Tage im Kühlschrank haltbar

VERWECHSLUNGSGEFAHR mit dem ungenießbaren, sehr bitter schmeckenden Gallenröhrling (*Tylopilus felleus*, siehe Seite 52/53), die Röhren älterer Gallenröhrlinge verfärben sich aber nicht gelbgrün, sondern rosa-bräunlich

BEOBACHTUNGS-/SAMMELZEIT

J	F	M	A	M	J	J	A	S	O	N	D

Flockenstieliger Hexenröhrling

Boletus erythropus

Die Gruppe der Röhrlinge (siehe Seite 42–73) hat ihren Namen aufgrund der vielen parallel angeordneten Röhren auf der Hutunterseite, die beim Flockenstieligen Hexenröhrling in roten Poren enden. Trotz des bedrohlich klingenden Namens ist dieser Pilz nach dem Garen ein bekömmlicher Speisepilz.

BEOBACHTUNGS-/SAMMELZEIT

J	F	M	A	M	J	J	A	S	O	N	D

Typisch: sofort blauendes Fleisch (oben), rot geflockter Stiel (rechts).

VORKOMMEN fast in ganz Europa verbreitet, lokal häufig, vor allem in höheren Lagen; Laub- und Nadelwälder mit Heidelbeere; Mykorrhizapilz der Fichte, aber auch der Rotbuche; auf sauren Böden

GRÖSSE Stiel 4–15 cm lang, 2–4 cm Durchmesser; Hutdurchmesser (5–) 10–20 cm

MERKMALE Hut dunkel rotbraun, selten gelbbraun, oft mit einem Hauch von Oliv; jung halbkugelig, dann flacher, im Alter auch völlig ausgebreitet; Hutoberseite fein wildlederartig, bei älteren Exemplaren kahl; bei feuchter Witterung schwach schmierig. Röhren jung blass olivgelb, später schmutzig olivgrünlich, laufen im Schnitt stark blau an; Poren dunkelrot, flecken bei Berührung sofort stark blau. Stiel gelblich, dicht mit dunkelroten Flocken besetzt; zylindrisch bis leicht keulig, oft mit olivgelblichem Filz an der Basis. Fleisch gelblich bis satt gelb; fest; Geruch unauffällig, Geschmack mild. Sporenpulver olivbraun

Typisch

Der Name des Pilzes drückt bereits aus, dass der Stiel mit feinen, dunkelrot gefärbten Flocken besetzt ist.

VERWENDUNG essbar; guter, festfleischiger Speisepilz für alle Zubereitungsarten

VERWECHSLUNGSGEFAHR mit dem ebenfalls rotporigen, aber giftigen Satansröhrling (*Boletus satanas,* siehe Seite 50/51); dessen Fleisch verfärbt sich aber nur schwach blau

Netzstieliger Hexenröhrling (🍴)

Boletus luridus

Kennzeichen aller Hexenröhrlinge ist, dass sie bei Berührung oder im Anschnitt blau anlaufen. Die Blaufärbung verblasst nach einiger Zeit wieder. Obwohl der Netzstielige Hexenröhrling als guter Speisepilz gilt, gibt es viele Menschen, die ihn auch ausreichend gegart nicht vertragen und mit einer Magen-Darm-Störung reagieren.

Typisch

Im Gegensatz zum Flockenstieligen Hexenröhrling (siehe Seite 46/47) ist beim Netzstieligen Hexenröhrling der Boden der Röhrenschicht rot. Dies zeigt sich als dunkelrote Linie im Hutanschnitt.

VORKOMMEN in Europa weit verbreitet, lokal häufig; Laub- und Mischwälder, Parkanlagen, Straßenränder; Mykorrhizapilz der Eiche, Linde oder Rotbuche; auf Kalk

GRÖSSE Stiel 5–15 cm lang, 1,5–5 cm Durchmesser; Hutdurchmesser 5–20 cm

MERKMALE Hut olivgelblich bis oliv-orangebraun; jung halbkugelig, später flach; Hutoberseite samtig-glatt, trocken, bei älteren Exemplaren kahl. Poren jung olivgelb, später orangerot bis karminrot, flecken bei Berührung grünblau; Röhren gelblich bis olivgelb, am Stiel ausgebuchtet, bis zu 2 cm lang; Röhrenschicht lässt sich leicht vom Hutfleisch ablösen. Stiel gelblich, vor allem im oberen Bereich, mit gut erkennbarem Stielnetz (Name!); jung bauchig, später zylindrisch. Fleisch gelblich, an der Stielbasis rötlich, läuft im Anschnitt stark blau an (siehe Foto); fest, bei älteren Exemplaren schwammig; Geruch und Geschmack unauffällig. Sporenpulver olivbraun

VERWENDUNG essbar; gilt als bekömmlicher Speisepilz, ist roh genossen aber giftig und muss ausreichend gegart werden, das heißt mindestens 20–30 Minuten, in dieser Zeit sollte man nicht probieren; kann auch in Verbindung mit Alkohol giftig sein

VERWECHSLUNGSGEFAHR mit dem ebenfalls rotporigen, aber giftigen Satansröhrling (*Boletus satanas*, siehe Seite 50/51), der ähnliche Standortansprüche hat; dessen Fleisch verfärbt sich aber nur schwach blau

ACHTUNG beim Genuss des Netzstieligen Hexenröhrlings: Alkohol davor, währenddessen oder danach getrunken lässt bei manchen Menschen den Pilz giftig werden.

BEOBACHTUNGS-/SAMMELZEIT

J	F	M	A	M	J	J	A	S	O	N	D

Satansröhrling †

Boletus satanas

Der Satansröhrling ist einer der wenigen sehr giftigen Röhrlingsarten. Sein Name lässt die »satanischen« Beschwerden erahnen, die sein Verzehr im Magen-Darm-Trakt hervorruft. Todesfälle sind bis heute aber nicht bekannt. Sein neutraler Geschmack ist leider kein Hinweis auf die Ungenießbarkeit des Satansröhrlings. Deshalb sollten Sie sich seine Merkmale genau einprägen, um ihn nicht mit seinem essbaren Doppelgänger, dem Netzstieligen Hexenröhrling, zu verwechseln.

VORKOMMEN in Europa vor allem in südlichen Ländern weit verbreitet, bei uns nur in wärmeren Lagen, aber sehr selten; wächst in kleinen Gruppen in lichten Laubwäldern, auch in Parkanlagen; Mykorrhizapilz der Rotbuche, Eiche und Linde; auf Kalk

Die Poren junger Pilzkörper sind gelblich, später intensiv rot.

Typisch

Der knollige Stiel ist auffallend kurz im Verhältnis zur Hutbreite. Das Fleisch des Satanspilzes riecht anfangs fruchtig, dann nach Urin, im Alter auch nach Aas.

GRÖSSE Stiel 6–12 cm lang, 4–10 cm Durchmesser; Hutdurchmesser 10–25 cm

MERKMALE Hut jung weißlich bis cremegrau, bei älteren Exemplaren schmutzig grau, Hutrand gelegentlich rosa getönt; jung halbkugelig, später polsterförmig, unregelmäßig wellig-buckelig; Hutoberseite bei trockenem Wetter matt, samtig, im Alter kahl, bei feuchter Witterung schwach klebrig; Hutrand überragt die Röhren knapp. Röhren gelblich, später gelegentlich olivgrün, lassen sich leicht vom Hut ablösen; am Stiel kurz ausgebuchtet. Stiel gelblich mit karminrotem Stielnetz; meist rundlich-knollig. Fleisch weißlich bis hellgelb, blaut nur schwach; fest, bei älteren Exemplaren schwammig; Geschmack unauffällig. Sporenpulver olivbraun

VERWENDUNG giftig; verursacht heftige Magen-Darm-Störungen

VERWECHSLUNGSGEFAHR mit anderen rotporigen Röhrlingen, meist mit den essbaren Hexenröhrlingen *(Boletus luridus,* siehe Seite 48/49, und *Boletus erythropus,* siehe Seite 46/47); bei beiden läuft das Fleisch aber im Anschnitt intensiv blau an

BEOBACHTUNGS-/SAMMELZEIT

J	F	M	A	M	J	J	A	S	O	N	D

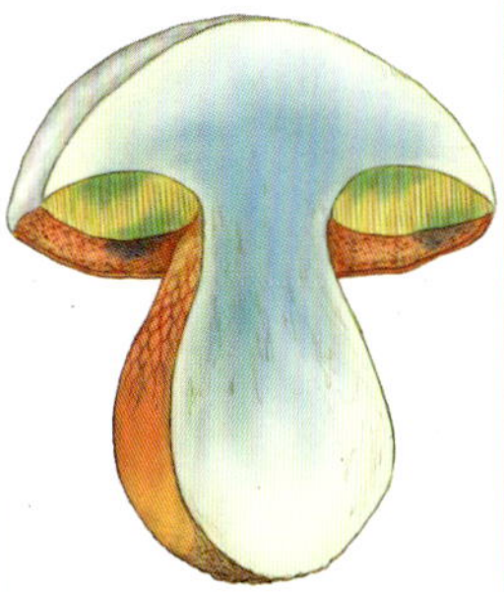

Das Fleisch verfärbt sich im Anschnitt allmählich blau.

Gallenröhrling (ǂ)

Tylopilus felleus

Nur wenige Stückchen des Gallenröhrlings unter wohlschmeckenden Pilzen können eine ganze Mahlzeit ungenießbar machen. Testen Sie deshalb Pilze, die Sie für Steinpilze halten, mit der Zungenspitze am Pilzhut auf bitteren Geschmack. Die Bitterkeit des Pilzes nutzte man früher zum Aromatisieren von Bitterlikören.

VORKOMMEN ganz Europa vom Tiefland bis in höhere Lagen, meist häufig; Misch- und Nadelwälder; Mykorrhizapilz der Fichte und Kiefer; bevorzugt auf sauren Böden

GRÖSSE Stiel 8–15 cm lang, 2–4 cm Durchmesser; Hutdurchmesser 5–12 (–20) cm

MERKMALE Hut hellbraun bis dunkel graubraun mit einem Hauch von Oliv; jung halbkugelig, ältere Exemplare abgeflacht; Hutober-

Die weißlich bis blassrosa gefärbten Röhren wölben sich im Alter polsterartig vor.

seite feinfilzig, später verkahlend, bei feuchter Witterung nur wenig schmierig, bei trockener fein rissig; Hutrand stumpf. Poren erst weißlich, dann lachsrosa, verfärben sich bei Druck rosa-bräunlich; Röhren am Stiel ausgebuchtet; lassen sich leicht ablösen. Stiel ockerbräunlich bis hell olivbraun, im oberen Bereich heller; zylindrisch, relativ schlank mit bauchig verdickter Basis; deutlich olivfarbenes Stielnetz. Fleisch weiß, läuft im Anschnitt nur selten rosa an; dick, im Hut weich; Geruch angenehm, Geschmack stark bitter. Sporenpulver rosabraun

Typisch

In Europa ist der Gallenröhrling der einzige Röhrling mit rosabräunlichem Sporenpulver. Seine Röhren haben nie eine gelbliche oder olivbraune Farbe, sondern sind rosa-bräunlich.

VERWENDUNG ungenießbar, aber nicht giftig; kann Magen-Darm-Beschwerden verursachen

VERWECHSLUNGSGEFAHR bei jungen Gallenröhrlingen mit Steinpilzen (siehe Seite 42/43 und 44/45), doch diese haben nie rosa-bräunliche Röhren und schmecken mild nussig

BEOBACHTUNGS-/SAMMELZEIT

J	F	M	A	M	J	J	A	S	O	N	D

Maronenröhrling

Xerocomus/Boletus badius

Der Maronenröhrling gehört zur Gruppe der Filzröhrlinge (siehe Seite 56/57). Den für diese Artenfamilie typischen filzig matten Hut trägt er allerdings nur an trockenen Standorten, bei feuchtem Wetter wird sein brauner Hut leicht schmierig. Nach dem Reaktorunglück von Tschernobyl erlangte der Maronenröhrling traurige Berühmtheit, da er in hohem Maße radioaktives Cäsium in seinen Zellen anreichert. Bis heute wird daher vor zu häufigem Verzehr gewarnt.

BEOBACHTUNGS-/SAMMELZEIT

J	F	M	A	M	J	J	A	S	O	N	D

Der hell gelbbraune Stiel weist eine bräunliche Maserung auf. Der Hutrand steht leicht über.

VORKOMMEN in Europa weit verbreitet und häufig; einzeln oder gesellig in Nadel- und Mischwäldern vom Flachland bis in die Hochlagen; Mykorrhizapilz besonders von alten Fichten oder Kiefern, seltener von Buchen oder Eichen; auf sauren Böden

GRÖSSE Stiel 8–12 cm lang, 2–4 cm Durchmesser; Hutdurchmesser 5–10 (–15) cm

MERKMALE Hut rehbraun bis kastanienbraun (Name!); jung halbkugelig, später abgeflacht; Hutoberseite trocken samtig-feinfilzig matt, bei feuchter Witterung glänzend und schmierig. Röhren jung weißlich-gelblich, bei älteren Exemplaren olivgelb bis olivgrün; am Stiel ausgebuchtet; Röhrenschicht ist leicht vom Hut ablösbar; Poren creme- bis gelbgrün, relativ groß. Stiel hell gelbbraun; schlank zylindrisch mit oft spitz zulaufender Basis; glatt, voll und fest. Fleisch weißlich bis gelblich, läuft im Schnitt blau an, verblasst nach einiger Zeit wieder; jung fest, bei älteren Exemplaren schwammig-weich; Geruch und Geschmack angenehm. Sporenpulver olivbraun

Typisch

Das Fleisch verfärbt sich im Anschnitt grünblau. Bei länger dauernder Schönwetterlage ohne Niederschlag kann die Blauverfärbung auch schwächer ausfallen.

VERWENDUNG essbar; guter Speisepilz mit festem Fleisch wie die ähnlich aussehenden Steinpilze; lässt sich einfrieren und trocknen; roh genossen kann es zu Magen-Darm-Beschwerden kommen

VERWECHSLUNGSGEFAHR mit dem stark bitter schmeckenden Gallenröhrling (*Tylopilus felleus*, siehe Seite 52/53), dessen Röhren sind aber rosa-bräunlich

Rotfußröhrling

Xerocomus/Xerocomellus chrysenteron

Der Rotfußröhrling hat eine meist samtig-filzige Hutoberseite, die auch bei feuchter Witterung kaum schmierig wird. Typisch sind außerdem ein schlanker Stiel ohne Netz und weite Porenöffnungen. Der Rotfußröhrling hat seinen Namen nach dem besonders im unteren bis mittleren Teil rötlich überlaufenen Stiel. Mit der Röhrenschicht wurde früher Wolle und Seide gelb gefärbt.

BEOBACHTUNGS-/SAMMELZEIT

J	F	M	A	M	J	J	A	S	O	N	D

VORKOMMEN in ganz Europa weit verbreitet, sehr häufig; alle Arten von Wäldern, auch Parks; Mykorrhizapilz der Fichte, seltener auch der Rotbuche und Eiche; auf neutralen bis sauren Böden

GRÖSSE Stiel 4–10 cm lang, 1–2,5 cm Durchmesser; Hutdurchmesser 3–8 (–12) cm

Typisch

Der Stiel ist auf gelblichem Grund vor allem im unteren und mittleren Bereich rot überlaufen oder mit feinen rötlichen Flocken überzogen (Name!). Fraßstellen oder Risse im Hut färben sich rötlich.

MERKMALE Hut in allen Brauntönen von mittel-, gelb- bis graubraun; jung halbkugelig, bei älteren Exemplaren gewölbt bis abgeflacht, oft verbogen; Hutoberfläche matt samtig, nie schmierig. Poren junger Fruchtkörper blassgelb, später grünlich gelb, laufen auf Druck schwach blau oder bläulich grün an; relativ weit; Röhren wie Poren gefärbt; am Stiel ausgebuchtet; leicht ablösbar. Stiel rot überlaufen, Spitze gelblich, Basis weißlich; immer ohne Stielnetz; zylindrisch, schlank, selten leicht bauchig, oft gebogen; voll. Fleisch cremegelb bis gelb, in der Stielbasis rötlich; läuft bei Verletzung grüngelblich an, aber nicht bei jungen Fruchtkörpern; Geruch und Geschmack leicht säuerlich. Sporenpulver olivbraun

VERWENDUNG essbar; für Mischgerichte geeignet; lässt sich trocknen; das Fleisch wird schnell weich und schwammig, deshalb nur jüngere Exemplare sammeln und schnell verarbeiten; keine verschimmelten Pilze verwenden, der Schimmelpilz ist giftig

VERWECHSLUNGSGEFAHR mit dem roh giftigen, bitter schmeckenden Schönfuß-Röhrling (*Boletus calopus*), dieser hat aber einen fleischigeren Hut und einen keuligeren Stiel mit einer Netzzeichnung

Das Fleisch läuft im Anschnitt leicht blau an. Die Hutoberseite ist oft felderig aufgerissen.

Ziegenlippe

Xerocomus subtomentosus

Typisch

Die leuchtend gelben Röhren der Ziegenlippe behalten ihre Farbe auch noch bei älteren Fruchtkörpern. Fleisch und Röhren laufen im Anschnitt nicht oder nur wenig blau an.

BEOBACHTUNGS-/SAMMELZEIT

J	F	M	A	M	J	J	A	S	O	N	D

Die Ziegenlippe ist ein relativ schwer zu bestimmender Pilz, denn die einzelnen Fruchtkörper können sich im Aussehen stark unterscheiden, zudem ähnelt sie auch anderen Filzröhrlingen, vor allem dem Rotfußröhrling. Wie beim Rotfußröhrling sind auch bei der Ziegenlippe ältere Exemplare oft von einem Schimmelpilz befallen und dann giftig.

VORKOMMEN in ganz Mitteleuropa verbreitet, häufig; einzeln bis gesellig vom Flachland bis in Hochlagen in Laub- und Nadelwäldern, auch Parks, meist in der Nähe von Heidelbeeren; Mykorrhizapilz, aber kein spezieller Baumpartner; stellt keine besonderen Bodenansprüche

GRÖSSE Stiel 3–10 cm lang, 0,5–2 cm Durchmesser; Hutdurchmesser bis 3–10 (–12) cm

MERKMALE Hut gelboliv, olivgrau, manchmal mit bräunlichen Tönen; anfangs fast halbkugelig, später flach gewölbt, aber nie flach ausgebreitet; Hutoberseite trocken wie Wildleder, selten felderig aufgerissen, nie schmierig; Hutrand überragt bisweilen die Röhren; Huthaut lässt sich nicht abziehen. Poren jung leuchtend gelb, später bräunlich gelb, bräunlich fleckend; Röhren wie Poren gefärbt; am Stiel etwas ausgebuchtet; lassen sich leicht vom Hut ablösen. Stiel bräunlich-gelblich, nie so intensiv rot wie beim Rotfußröhrling (siehe Seite 56/57); meist zylindrisch, schlank, manchmal gekrümmt; voll. Fleisch weißlich, im Stiel gelblich; jung fest, schon bald schwammig; Geruch unauffällig, Geschmack mild. Sporenpulver olivbraun

VERWENDUNG essbar; jung guter Speisepilz für Mischgerichte, lässt sich auf alle Arten zubereiten, auch trocknen

ÄHNLICHE ART Der ebenfalls essbare Rotfußröhrling (siehe Seite 56/57) ist sehr ähnlich, wenn er wenige Rottöne aufweist.

Die Poren der anfangs leuchtend gelben Röhrenschicht sind jung eng, älter relativ weit.

Sandröhrling

Suillus variegatus

Der Sandröhrling gehört zu den sogenannten Schmierröhrlingen mit schleimigem Hut (siehe Seite 62/63), ist in dieser Hinsicht aber kein typischer Vertreter, denn sein Hut ist nur bei anhaltend feuchter Witterung schmierig. Der deutsche Name bezieht sich auf den wie mit feinem Sand bestreuten Hut. Der Sandröhrling kommt häufig zusammen mit dem ebenfalls essbaren Kuhröhrling (siehe Seite 64/65) an gleichen Standorten vor und kann mit ihm verwechselt werden.

VORKOMMEN in Mitteleuropa vom Flachland bis ins Mittelgebirge verbreitet, häufig, an zusagenden Stellen auch in größerer Stückzahl; Nadelwald, oft in der Nähe von Heidelbeeren; Mykorrhizapilz von zweinadeligen Kiefern; meist auf sauren, nährstoffarmen, sandigen Böden

Das Fleisch verfärbt sich im Anschnitt schwach blau.

GRÖSSE Stiel 3–12 cm lang, 1–3 cm Durchmesser; Hutdurchmesser 5–10 (–15) cm

MERKMALE Hut gelb-, oliv- bis orangebraun; jung halbkugelig mit eingerolltem Rand, bei älteren Exemplaren gewölbt bis fast ausgebreitet mit scharf abschließendem Rand, Hutmitte manchmal etwas eingedrückt; Hutoberseite fein filzig-körnig, bei älteren Fruchtkörpern kahl, auch bei feuchter Witterung kaum schmierig; Huthaut lässt sich nicht abziehen. Poren dunkel olivbraun, dunkler als Röhren; sehr fein; Röhren bereits bei jungen Fruchtkörpern olivgelb, dann grünlich gelb oder rostoliv; um den Stiel ausgebuchtet; stehen ziemlich eng. Stiel blass gelblich oder bräunlich, jung fein dunkler gemasert; jung etwas bauchig, dann zylindrisch mit abgerundeter Basis; fest und voll. Fleisch insgesamt weißlich- bis semmelgelb, läuft im Anschnitt unterschiedlich stark blau oder blaugrün an, verblasst dann wieder, in seltenen Fällen keine Blauverfärbung; Geruch säuerlich, Geschmack mild. Sporenpulver olivbraun

VERWENDUNG essbar; jung als Mischpilz geeignet; die Stiele können zäh sein, dann nur die Hüte verwenden; verleiht als Pilzpulver den Speisen ein würziges Aroma; nur gut gegart essen, kann sonst abführend wirken

ÄHNLICHE ART Der Hut des an ähnlichen Standorten vorkommenden Kuhröhrlings (*Suillus bovinus*, siehe Seite 64/65) ist bei feuchtem Wetter viel schmieriger.

BEOBACHTUNGS-/SAMMELZEIT

J	F	M	A	M	J	J	A	S	O	N	D

Typisch

Im Vergleich zu anderen Arten der Gattung Suillus hat der Sandröhrling die dunkelsten Poren. Die Röhren lassen sich meist nicht gut vom Hutfleisch ablösen.

Butterpilz

Suillus luteus

Unter dem Gattungsnamen Suillus *werden alle Schmierröhrlinge zusammengefasst. Ihren Namen tragen sie wegen der charakteristischen schmierig-schleimigen Huthaut, die sie selbst bei trockenem Wetter ausbilden. Auch den Butterpilz oder Butter-Röhrling erkennt man an seiner schleimigen Kappe, an der häufig Nadeln oder Blätter kleben. Aufgrund der gelben Farbe der Poren trägt er den deutschen Namen »Butter« und den wissenschaftlichen Artnamen* luteus *(= gelb).*

Das gelblich weiße Fleisch verfärbt sich im Anschnitt nicht.

VORKOMMEN in ganz Europa verbreitet, lokal häufig – Massenpilz; einzeln oder gesellig von der Küste bis in alpine Hochlagen, Nadel- und Mischwälder; Mykorrhizapilz von zweinadeligen Kiefernarten; vor allem auf sandigen, nährstoffarmen Böden, gelegentlich auch auf Kalk

GRÖSSE Stiel 3–6 (–10) cm lang, 1–2 cm Durchmesser; Hutdurchmesser 5–12 cm

MERKMALE Hut gelbbraun bis schokoladenbraun; jung halbkugelig bis leicht kegelförmig, später abgeflacht; Hutoberseite glatt, bei feuchtem Wetter schleimig-schmierig, dadurch graulila getönt, trocken glänzend; Hutrand mit Resten des häutigen Velums. Poren jung butter- bis zitronengelb, später etwas olivgelb, verfärben sich nicht auf Druck, sehr klein; Röhren wie die Poren gefärbt; am Stiel angewachsen oder schwach herablaufend. Stiel gelblich; zylindrisch mit leicht verdickter Basis; schleimiger Überzug unterhalb des Rings; oberhalb des Rings blassbräunliche Punktierung; voll, fest. Fleisch gelblich weiß; zart, wird schnell weich; Geruch schwach obstartig, Geschmack mild, säuerlich. Sporenpulver zimtbraun

VERWENDUNG essbar; jung guter Mischpilz, aber leicht verderblich; vor der Zubereitung sollte die Schleimschicht mit der Huthaut abgezogen werden; bei manchen Personen kann es zu allergischen Reaktionen kommen, dann darf der Pilz nicht mehr gegessen werden

BEOBACHTUNGS-/SAMMELZEIT

J	F	M	A	M	J	J	A	S	O	N	D

Typisch

Junge Fruchtkörper sind auf der Hutunterseite durch eine häutige Schutzhülle (Velum) vollständig verschlossen. Beim Aufschirmen reißt sie, löst sich vom Hutrand und liegt dann dem Stiel als häutiger, anfangs weißlicher, später bräunlicher Ring an.

Kuhröhrling (🍴)

Suillus bovinus

*Der Kuhröhrling ist möglicherweise nach der Farbe seines Hutes, die dem Rotbraun des Fleckviehs ähnelt, benannt. Er ist oft mit dem Rosenroten Gelbfuß (*Gomphidius roseus*) vergesellschaftet. Vermutlich nutzt der Gelbfuß das Myzel des Kuhröhrlings, um die Leitungsbahnen der Kiefern anzapfen zu können. Verwendet man den Kuhröhrling zum Kochen, fällt vor allem die Verfärbung des Fleisches auf: Von Gelb wandelt es sich in ein violettes Rot.*

VORKOMMEN in Europa weit verbreitet, häufig – Massenpilz; in Gruppen, oft büschelig verwachsen, oder in Hexenringen in Nadelwäldern am Waldrand oder an Waldwegen, oft auch in Mooren und Heiden; Mykorrhizapilz von zweinadeligen Kiefernarten; meist auf sauren, nährstoffarmen Sandböden

Während des Reifungsprozesses verfärbt sich die Röhrenschicht kupferfarben.

GRÖSSE Stiel 2,5–10 cm lang, 0,5–1,5 cm Durchmesser; Hutdurchmesser 3–8 (–12) cm

MERKMALE Hut semmelfarben bis ocker- oder orangebraun, bei älteren Exemplaren blasser; jung flach gewölbt, später abgeflacht, oft unregelmäßig ver- oder aufgebogen; Hutrand jung eingerollt; Hutoberseite bei feuchter Witterung schmierig, glatt; Huthaut lässt sich teilweise abziehen. Poren jung graugelb, dann olivbraun bis kupferfarben, später olivgelb; Röhren wie Poren gefärbt; laufen meist am Stiel etwas herab; schwer ablösbar; nur etwa einen Zentimeter lang und im Vergleich zur Dicke des Hutfleisches relativ kurz. Stiel wie Hut gefärbt; zylindrisch, bei büscheligem Wachstum oft verbogen; ohne Ring; glatt, längsstreifig. Fleisch blass gelblich, läuft manchmal im Anschnitt schwach rötlich an; zäh-elastisch und biegsam; Geruch unauffällig, Geschmack etwas säuerlich. Sporenpulver olivbraun

VERWENDUNG essbar; nur jung geeignet für Mischgerichte, nicht besonders schmackhaft; kann in größeren Mengen genossen abführend wirken

BEOBACHTUNGS-/SAMMELZEIT

J	F	M	A	M	J	J	A	S	O	N	D

Typisch

Die unregelmäßig geformten Röhren sind auffallend weit und springen bei älteren Exemplaren an den Mündungen zackig vor.

Körnchenröhrling

Suillus granulatus

Sowohl der deutsche Name »Körnchen«röhrling als auch der wissenschaftliche Artname granulatus *(= gekörnt) beziehen sich auf die feinen gelblich-braunen »Wärzchen«, die im oberen Bereich des Stiels zu sehen sind. Hierbei handelt es sich um eingetrocknete Guttationstropfen, die bei jungen Pilzen von der Röhrenschicht und der Stielspitze ausgeschieden und durch Sporen dunkel gefärbt werden.*

VORKOMMEN in Mitteleuropa verbreitet, lokal sehr häufig; sehr gesellig, wächst in Bögen oder Reihen an grasigen Waldrändern; Mykorrhizapilz von zweinadeligen Kiefernarten; meist auf Kalk

GRÖSSE Stiel (3–) 6–9 cm lang, 1–2 cm Durchmesser; Hutdurchmesser bis 4–10 (–12) cm

Bei jungen Fruchtkörpern hängen oft milchige Tropfen an den Poren.

MERKMALE Hut rotbraun bis gelbbraun, bei dunkelhütigen Exemplaren Verwechslung mit Butterpilzen (siehe Seite 62/63) möglich; jung halbkugelig, später abgeflacht-polsterförmig, Hutrand anfangs etwas eingerollt; Hutoberseite bei trockenem Wetter matt, glänzend; Huthaut hängt am Rand etwas über. Poren jung weiß-gelblich, später gelbbraun, verfärben sich nicht auf Druck; engstehend, sehr fein; Röhren wie Poren gefärbt; laufen am Stiel etwas herab oder sind angewachsen. Stiel gelblich, später schmutzig bräunlich, im oberen Bereich mit bräunlichen Körnchen (Name!); zylindrisch, mit leicht verdickter Basis, oft etwas verbogen; festfleischig, voll; stets ohne Ring. Fleisch weiß, allmählich zitronengelb, über den Röhren gelb; verfärbt sich beim Anschneiden nicht; dick, weich, später schwammig; Geruch angenehm, Geschmack leicht säuerlich. Sporenpulver hell orangebraun

VERWENDUNG essbar; jung guter Speisepilz für Mischgerichte; kann bei manchen abführend wirken, deshalb immer nur gut gegart und nicht zu viel auf einmal verzehren

VERWECHSLUNGSGEFAHR im Mittelmeerraum mit dem bei manchen Menschen giftig wirkenden Mittelmeer-Körnchenröhrling (*Suillus mediterraneensis*), dieser wächst unter Aleppokiefern

BEOBACHTUNGS-/SAMMELZEIT

J	F	M	A	M	J	J	A	S	O	N	D

Typisch

Die Hutoberseite ist bei feuchter Witterung mit einem sehr schleimigen Überzug versehen, der sich leicht abziehen lässt.

Goldröhrling

Suillus grevillei

*Der Goldröhrling, auch Goldgelber Lärchenröhrling genannt, lebt – wie der Name erahnen lässt – mit Lärchen in Symbiose. Den Zusatz »gold« oder »goldgelb« trägt er nach der Farbe der Röhren und des Hutes. Er ist leicht zu verwechseln mit dem ebenfalls essbaren Rostroten Lärchenröhrling (*Suillus tridentinus*). Dieser ist ähnlich gefärbt, kommt aber nur auf kalkhaltigen Böden vor.*

VORKOMMEN in Mitteleuropa verbreitet, häufig – oft Massenpilz; vom Flachland bis ins Gebirge in Wäldern, Parks und Gärten, in den Hochlagen häufiger; Mykorrhizapilz der Europäischen Lärche, ist der häufigste Begleiter von Lärchen bei uns; stellt keine besonderen Ansprüche an den Boden

Bei jungen Exemplaren ist die Röhrenschicht hinter einer Teilschutzhülle (Velum partiale) verborgen.

GRÖSSE Stiel 4–12 cm lang, 0,5–2 cm Durchmesser; Hutdurchmesser bis 6–12 cm

MERKMALE Hut leuchtend gelborange, orangebraun oder rotbraun; jung halbkugelig, am Rand eingerollt, später ausgebreitet bis flach; Hutoberseite stark schmierig-schleimig, bei trockener Witterung glänzend, glatt, nur klebrig; Huthaut lässt sich leicht abziehen. Poren blassgelb bis dottergelb, bei älteren Fruchtkörpern olivgelb, flecken bei Berührung schwach rotbräunlich; sehr fein; Röhren wie Poren gefärbt; sind am Stiel gerade angewachsen oder laufen etwas herab; lassen sich schlecht vom Hut lösen. Stiel wie der Hut gefärbt, an der Spitze schwach bräunlich gemasert; zylindrisch, schlank, manchmal mit verdickter Basis; voll; im oberen Bereich dickhäutiger Ring, von dem bei älteren Exemplaren häufig nur eine schleimige Ringzone sichtbar bleibt. Fleisch hellgelb, läuft nur undeutlich bräunlich oder gar nicht an; weich, wässrig; Geruch unauffällig, Geschmack mild. Sporenpulver olivocker bis goldbraun

VERWENDUNG essbar; gut geeignet zum Braten und für Mischgerichte; vor der Zubereitung die Huthaut mit dem schleimigen Überzug abziehen; kann abführend wirken

BEOBACHTUNGS-/SAMMELZEIT

J	F	M	A	M	J	J	A	S	O	N	D

Typisch

Wenn die Schutzhülle (Velum) junger Fruchtkörper beim Aufschirmen reißt, bleibt ein dicker, außen schleimiger Ring am Stiel übrig.

Birkenpilz (§)

Leccinum scabrum

Wie die Rotkappen wird auch der Birkenpilz aufgrund seines dunkel geschuppten Stiels in der Gruppe der Raufußröhrling geführt. Auf den Stiel bezieht sich auch der wissenschaftliche Artname scabrum, *der sich von dem lateinischen Wort »scaber« (= rau) ableitet. Der Birkenpilz ist reich an Vitamin B, bis auf das Vitamin B12 enthält er alle Stoffe dieser Gruppe.*

Im Alter ist die Röhrenschicht bauchig nach unten gewölbt und schaut unter dem Hut hervor. Der Stiel ist dunkel geschuppt.

VORKOMMEN in ganz Europa verbreitet, wo es Birken gibt, häufig; lichte Wälder, Parks, Heiden und Moore; Mykorrhizapilz der Birke; auf Kalk oder neutralem Boden

GRÖSSE Stiel 8–15 cm lang, 1–3,5 cm Durchmesser; Hutdurchmesser 5–12 cm

MERKMALE Hut hell bis dunkel graubraun, auch gelblich oder rötlich braun getönt; jung halbkugelig, bei älteren Fruchtkörpern polsterförmig; Hutoberseite bei feuchter Witterung oft schmierig, trocken matt, glatt bis etwas filzig; Huthaut hängt am Rand nicht über. Poren erst weißlich, dann weißgrau, später schmutzig grauoliv, bräunen an Druckstellen nicht; Röhren wie Poren gefärbt; am Stiel ausgebuchtet; lassen sich leicht vom Hut ablösen. Stiel dunkel geschuppt, läuft an Bruchstellen nicht oder nur schwach rosa an; zylindrisch, verjüngt sich nach oben, schlank; zeigt an der leicht verdickten Basis keine Blau- oder Grünverfärbung; im Alter oft zäh. Fleisch weißlich grau, verändert sich im Anschnitt nicht, an der Basis oft blaugrün; jung fest, später schwammig; Geruch unauffällig, Geschmack mild. Sporenpulver gelbbraun

VERWENDUNG essbar; jung guter Speisepilz, allerdings verfärbt sich das Fleisch beim Kochen grau; das schwammige Fleisch älterer Pilze ist nicht mehr zum Verzehr geeignet

Typisch

Der bis zu 3,5 cm dicke ringlose Stiel des Birkenpilzes ist relativ lang und dicht mit Schuppen bedeckt. Der Hut älterer Exemplare wird bei Feuchtigkeit schmierig.

BEOBACHTUNGS-/SAMMELZEIT

J	F	M	A	M	J	J	A	S	O	N	D

Heide-Rotkappe (§)

Leccinum versipelle

Auffallend bei der Heide-Rotkappe ist die ziegelrote Farbe des Hutes, daher der wissenschaftliche Gattungsname Leccinum, *der sich vom italienischen Wort »leccino« für Rotkappe ableitet. Wie die Birkenpilze (siehe Seite 70/71) ist auch die Rotkappe am Stiel auffällig schwarz geschuppt und gehört deshalb zur Gruppe der Raufüße. Man findet sie häufig in der Nähe von Birken, mit denen sie in Symbiose leben.*

VORKOMMEN in ganz Europa verbreitet vom Tiefland bis in die Voralpen, nach Süden jedoch seltener, sehr häufig in Ost- und Nordeuropa; Heidelandschaften mit Heidekraut und Blaubeeren; Mykorrhizapilz der Birke; auf sauren, sandigen Böden

GRÖSSE Stiel 8–15 (–20) cm lang, Durchmesser 2–4 cm; Hutdurchmesser 5–15 (–20) cm

MERKMALE Hut lebhaft gelborange oder gelbbräunlich, orangefarben bis ziegelrot; jung halbkugelig, bei älteren Exemplaren flach gewölbt; Hutoberseite bei trockenem Wetter matt, feinfilzig, bei feuchtem Wetter schmierig. Röhren jung schmutzig weißlich bis

Das weiße Fleisch verfärbt sich im Anschnitt blaugrün, beim Kochen wird es schwärzlich.

BEOBACHTUNGS-/SAMMELZEIT

J	F	M	A	M	J	J	A	S	O	N	D

graugelblich, bald graubraun; am Stiel ausgebuchtet; im Alter schwammig; lassen sich leicht ablösen; Poren wie Röhren gefärbt, verfärben sich auf Druck dunkelgrau; klein, eng stehend. Stiel schlank, zylindrisch mit keuliger Basis, verjüngt sich nach oben; an der Stielbasis oft bläulich grün. Fleisch weiß, an der Stielbasis blaugrün; jung festfleischig, im Alter weich; Geruch und Geschmack angenehm nach Pilz. Sporenpulver olivbraun

Typisch

Wie für Raufußröhrlinge typisch, ist der helle Stiel der Heide-Rotkappe dicht mit dunklen Schuppen bedeckt. Das Huthäutchen steht am Rand als Saum über.

VERWENDUNG essbar; guter, festfleischiger, sehr ergiebiger Speisepilz, aromatischer als Birkenpilz (siehe Seite 70/71); Fleisch wird beim Kochen jedoch dunkel

Lamellenpilze, Stiel mit Ring

Fliegenpilz †

Amanita muscaria

Durch seinen rot-weißen Hut beinahe unverwechselbar, ist der Fliegenpilz wohl einer der bekanntesten Giftpilze. Früher wurde er angeblich in gezuckerte Milch eingelegt, um Fliegen anzulocken und zu töten, daher auch sein Name. In manchen Kulturen verwendete man ihn auch, um sich mithilfe seiner halluzinogenen Inhaltsstoffe in Ekstase zu versetzen.

VORKOMMEN auf der gesamten Nordhalbkugel vom Flachland bis über 2000 m Höhe, häufig; oft in Gruppen oder Hexenringen in Laub- und Nadelwäldern, auch Parks, an Wald- und Wegrändern; Mykorrhizapilz vor allem der Fichte, oft auch der Birke; auf sauren Böden

Die knollige Stielbasis ist mit mehreren Reihen von Warzen (Hüllresten) bedeckt.

Vom Kaiserling unterscheidet sich der Fliegenpilz durch die stets rein weißen Lamellen.

GRÖSSE Stiel 10–20 cm lang, 1,5–3 cm Durchmesser; Hutdurchmesser 5–20 (–25) cm

MERKMALE Hut leuchtend rot oder orangerot mit weißen, abwaschbaren Flocken, auch einfarbig gelb, speckig glänzend; ganz jung insgesamt weiß eingehüllt, nach dem Aufschirmen halbkugelig, später flach ausgebreitet; Hutrand reicht oft über die Lamellen, ist bei älteren Exemplaren oft gerieft. Lamellen weiß; am Stiel frei; eng stehend. Stiel weiß; zylindrisch, mit knollenförmiger Basis; gerade; Stieloberfläche feinflockig bis leicht genattert; mit auffälligem, hängendem Ring (Manschette). Fleisch weiß, unter der Huthaut rötlich gelb; Geruch unauffällig, Geschmack mild. Sporenpulver weiß

VERWECHSLUNGSGEFAHR mit einfarbig roten Täublingen, wenn Regen die weißen Flocken auf dem Hut abgewaschen hat, die Täublinge haben aber keinen Ring; mit dem Kaiserling (*Amanita caesarea*, **siehe Seite 88/89**), er hat aber gelbe Lamellen; bei ganz jungen Fliegenpilzen, die insgesamt weiß eingehüllt sind, mit Stäublingen

VERWENDUNG giftig, kann wegen der Nervengifte tödlich wirken, es ist aber noch kein Todesfall nachgewiesen

BEOBACHTUNGS-/SAMMELZEIT

J	F	M	A	M	J	J	A	S	O	N	D

Typisch

Der rote Hut ist mit weißen Flocken, den Resten der weißen Hülle, bedeckt. Nach Regen können sie abgewaschen sein, dann besteht Ähnlichkeit zu Täublingen.

Perlpilz

Amanita rubescens

Der Perlpilz ist einer der ersten Wulstlinge (Gattung Amanita*), die im Frühsommer aus dem Boden sprießen. Der Name Wulstling verweist auf die oft wulstig angeschwollene, knollige Stielbasis. Weitere Kennzeichen sind freie, meist weiße, gelegentlich gelbe Lamellen und eine Eihülle (Velum), welche die ganz jungen Fruchtkörper umspannt. An Verletzungen des Fleisches durch Madengänge oder Ähnliches verfärbt sich der Pilz rötlich.*

VORKOMMEN in Europa weit verbreitet, häufig; meist gesellig in Laub- und Nadelwäldern, Parks; Mykorrhizapilz der Rotbuche und Fichte; auf nahezu allen Böden

Typisch

Der Stielbereich unterhalb des breiten, hängenden Rings ist mit feinen, rötlich-bräunlichen Flocken besetzt.

GRÖSSE Stiel 8–12 (–15) cm lang, 2–4 cm Durchmesser; Hutdurchmesser 5–15 cm

MERKMALE Hut blass fleischfarben bis hell rötlich braun; jung halbkugelig, später flach ausgebreitet; Hutoberseite glatt, matt bis seidig glänzend, mit fleischgrauen bis graubraunen, unregelmäßig geformten Flöckchen (Velumreste) bedeckt, Belag ist abwischbar; Hutrand meist ungerieft; Huthaut lässt sich tortenstückartig abziehen. Lamellen jung weißlich, später mit fleischrötlichen Flecken; am Stiel frei; eng stehend. Stiel weißlich, oft auch rötlich getönt; zylindrisch, verjüngt sich etwas nach oben; unterhalb des Rings fein, später rötlich geflockt; mit weißem bis gelblichem, breitem, hängendem, oberseits gerieftem Ring; Stielbasis steckt in keiner Scheide. Fleisch weißlich, unter der Huthaut rötlich; weich; Geruch unauffällig, Geschmack anfangs süßlich, wird leicht kratzig. Sporenpulver weiß

VERWENDUNG essbar; wohlschmeckender, ergiebiger Speisepilz, für alle Zubereitungsarten geeignet; muss gut gegart werden, da er zu Verdauungsstörungen führen kann, heißt deshalb regional auch »Gurgelmagen«; das Fleisch ist leicht verderblich, deshalb nur junge Pilze sammeln

VERWECHSLUNGSGEFAHR mit dem stark giftigen Pantherpilz (*Amanita pantherina,* siehe Seite 84/85), dieser hat aber eine stulpenförmig umrandete Stielknolle, auch verfärbt sich das Fleisch nicht

BEOBACHTUNGS-/SAMMELZEIT

J	F	M	A	M	J	J	A	S	O	N	D

Grüner Knollenblätterpilz ☠

Amanita phalloides

*Der Grüne Knollenblätterpilz ist einer der giftigsten Pilze in Europa. Die Giftwirkung setzt oft erst ein bis zwei Tage nach dem Verzehr der Pilze mit Bauchschmerzen, Erbrechen und Durchfällen ein. Zu diesem Zeitpunkt helfen keine Brech- oder Abführmittel mehr. Die Gifte zerstören nach und nach die Leber. Vom Grünen Knollenblätterpilz gibt es eine seltene weißhütige Varietät (*Amanita phalloides *var.* alba*), die leicht mit Champignons verwechselt werden kann.*

VORKOMMEN in Europa weit verbreitet, relativ häufig, lokal in Massen auftretend; Laub- und Mischwälder, Parks und Gärten, selten höher als 700 m; Mykorrhizapilz besonders der Eiche und Rotbuche; auf nährstoffreichen, basischen Böden

Typisch: weiße, am Stiel freie Lamellen, häutiger, hängender Ring.

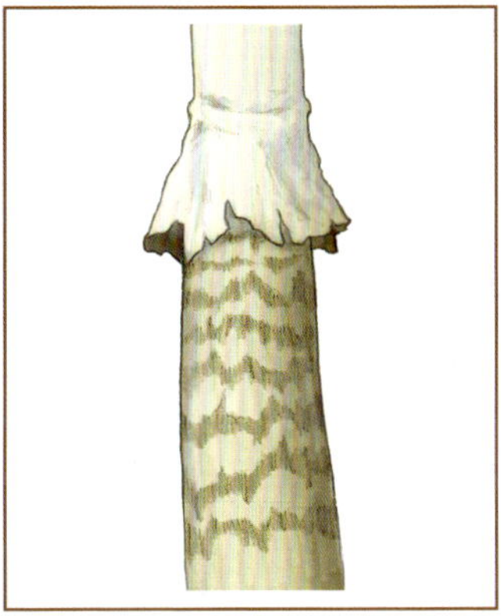

Der Stiel ist unterhalb des Rings seidig schimmernd grünlich genattert.

GRÖSSE Stiel 6–12 (–20) cm lang, 1–2,5 cm Durchmesser; Hutdurchmesser 5–12 (–15) cm

Typisch

Die knollige Stielbasis ist von einer hautartigen Scheide (Volva) umgeben; es sieht aus, als ob die Knolle in einer Tüte steht. Das weiße Fleisch verfärbt sich nicht.

MERKMALE Hut hell bis dunkel gelboliv, olivgrün oder grasgrün, am Rand oft heller; jung eiförmig und von weißer Hülle (Velum) umgeben, nach dem Aufschirmen halbkugelig bis gewölbt, später flach ausgebreitet; Hutoberseite kahl, bei feuchtem Wetter klebrig; Hutrand glatt; Huthaut lässt sich gut abziehen. Lamellen stets rein weiß; am Stiel frei; eng stehend; weich. Stiel weiß, mit Natterung (siehe Illustration); zylindrisch; jung voll, alt oft hohl; mit häutigem, hängendem Ring. Fleisch weiß, unter der Huthaut gelblich grün; zart; Geruch aufdringlich süßlich, Geschmack mild (auf keinen Fall probieren!). Sporenpulver weiß

VERWENDUNG tödlich giftig; Giftstoffe lassen sich durch Kochen nicht zerstören und können nicht herausgeschmeckt werden

VERWECHSLUNGSGEFAHR vor allem mit dem Wiesen-Champignon (*Agaricus campestris*, **siehe Seite 94/95**), dieser hat aber schon ganz jung rosa Lamellen

Kegelhütiger Knollenblätterpilz ☠

Amanita virosa

Wie beim Grünen Knollenblätterpilz (siehe Seite 80/81) *ist auch beim Kegelhütigen Knollenblätterpilz der junge Fruchtkörper vollständig von einer schalenartigen Hülle umgeben, die dem Pilz ein ei-ähnliches Aussehen verleiht. Die Reste dieser Hülle liegen als Scheide eng um die*

Typisch

Die Stieloberfläche unterhalb des Rings ist faserig-fransig, nie genattert (siehe Illustration). Die knollige Stielbasis steckt in einer breiten, weißen, schalenartigen Scheide.

BEOBACHTUNGS-/SAMMELZEIT

J	F	M	A	M	J	J	A	S	O	N	D

knollige Stielbasis. Sie befindet sich beim Kegelhütigen Knollenblätterpilz meist tief im Boden. Um beim Sammeln einen Giftpilz auszuschließen, muss darum bei allen weißhütigen Lamellenpilzen der Stiel vollständig mit seinerBasis aus dem Boden geholt werden.

VORKOMMEN in Europa weit verbreitet, auch in höheren Lagen; einzeln oder gesellig in Nadelwäldern, oft an feuchten Stellen im Moos, selten auch in Laubwäldern, Mooren; Mykorrhizapilz der Fichte; auf sauren, nährstoffarmen Böden

GRÖSSE Stiel 6–12 (–15) cm lang, 1–2 cm Durchmesser; Hutdurchmesser 4–10 cm

Stielbasis steckt in einer Scheide

MERKMALE Hut weiß, nur bei älteren Exemplaren am Scheitel manchmal schwach elfenbeinfarben, rosa überhaucht; nach dem Aufbrechen aus der Eihülle halbkugelig, dann lange Zeit kegelig, erst bei alten Fruchtkörpern etwas weiter ausgebreitet, oft asymmetrisch verbogen; Hutoberseite junger Fruchtkörper bei feuchter Witterung leicht klebrig, trocken kahl und glatt, seidig glänzend; meist ohne Velumreste; Hutrand leicht eingebogen, ungerieft. Lamellen am Stiel frei; dicht stehend; weich. Stiel weiß; schlank; zylindrisch, mit Knolle an der Basis, die in einer Scheide steckt; jung voll, alt hohl; zerbrechlich; mit weißem, häutigem Ring, der weit oben sitzt. Fleisch weiß; weich; Geruch jung rettichartig, später süßlich nach Honig, Geschmack mild (auf keinen Fall probieren!). Sporenpulver weiß

VERWENDUNG tödlich giftig; die Giftwirkung entspricht der des Grünen Knollenblätterpilzes (siehe Seite 80/81)

VERWECHSLUNGSGEFAHR mit weißhütigen Champignons wie dem Wiesen-Champignon (*Agaricus campestris*, siehe Seite 94/95), diese haben aber schon ganz jung rosa Lamellen

Pantherpilz

Amanita pantherina

Der giftige Pantherpilz wird häufig mit den essbaren Arten Grauer Wulstling und Perlpilz verwechselt. Er unterscheidet sich von seinen essbaren Doppelgängern durch eine Scheide am Stiel, die einem umgekrempelten Socken ähnelt. Der Pantherpilz enthält die gleichen Nervengifte wie der Fliegenpilz, aber in viel höherer Konzentration. Sein Verzehr kann zu psychischen und rauschartigen Symptomen mit Halluzinationen, Krämpfen und Sehstörungen führen, aber auch Magen-Darm-Beschwerden auslösen.

VORKOMMEN in Mitteleuropa verbreitet, lokal häufig; Laub- und Nadelwälder, auch Parks, gern Wald- und Wegränder, häufig in Berglagen; Mykorrhizapilz verschiedener Baumarten; auf sauren bis neutralen Böden, besonders auf Sand

Die Hutfarbe variiert von hellbraun (siehe Foto links) bis dunkelbraun. Der Ring ist immer glatt, nie gerieft.

GRÖSSE Stiel 5–12 cm lang, 1–2 cm Durchmesser; Hutdurchmesser 5–10 (–12) cm

MERKMALE Hut hell-, grau- bis dunkelbraun; jung halbkugelig, dann gewölbt, schließlich flach ausgebreitet, Hutrand lange heruntergebogen; Hutoberseite bei feuchter Witterung leicht schmierig, trocken seidig-matt glänzend, mit zahlreichen kleinen, weißen Flocken besetzt; Hutrand bei älteren Exemplaren häufig deutlich kammartig gerieft (siehe Foto links). Lamellen weiß; am Stiel abgerundet; eng stehend; weich. Stiel weiß; zylindrisch, mit deutlich abgesetzter Knolle (mit Wulst bis 4 cm), nach oben etwas verjüngt; schlank; jung voll, später hohl; feinfaserig; mit weißlichem, hängendem Ring, der stets glatt ist und manchmal auch abfallen kann. Fleisch weiß, verfärbt sich im Anschnitt nicht; relativ dünn, weich; Geruch unauffällig, Geschmack mild (auf keinen Fall probieren!). Sporen-pulver weiß

VERWENDUNG stark giftig; Todesfälle sind möglich

VERWECHSLUNGSGEFAHR mit dem essbaren Perlpilz (*Amanita rubescens*, siehe Seite 78/79), dieser hat aber keine rein weißen, sondern graubraune Flöckchen auf dem Hut; mit dem essbaren Grauen Wulstling (*Amanita excelsa*, siehe Seite 86/87)

BEOBACHTUNGS-/SAMMELZEIT

J	F	M	A	M	J	J	A	S	O	N	D

Typisch

Auf der Hutoberseite befinden sich mehr oder weniger konzentrisch verteilt zahlreiche kleine, rein weiße Flöckchen als Reste der Schutzhülle. Sie lassen sich leicht abwischen.

Grauer Wulstling

Amanita excelsa/spissa

Typisch

Beim Grauen Wulstling verbreitert sich der Stiel allmählich rübenartig in die Knolle. Diese ist gürtelförmig mit Warzen besetzt.

Der stattliche Graue Wulstling teilt seinen Standort häufig mit dem Perlpilz (siehe Seite 78/79). Verwechseln kann man ihn leicht mit dem giftigen Pantherpilz (siehe Seite 84/85). Da der Graue Wulstling nicht wirklich schmackhaft ist, sollte man auf den Genuss lieber verzichten, wenn die Artenzuordnung nicht eindeutig zu treffen ist.

VORKOMMEN in ganz Europa verbreitet, häufig; Nadelwald, gelegentlich auch Laubwald bis in 800 m Höhe; Mykorrhizapilz der Fichte, seltener der Rotbuche; auf sauren bis neutralen Böden

GRÖSSE Stiel 6–18 cm lang, 1–2,5 cm Durchmesser; Hutdurchmesser 5–12 (–15) cm

MERKMALE Hut hellgrau bis dunkelgrau, auch graubraun; jung kugelig bis halbkugelig, bei älteren Exemplaren flach ausgebreitet; Hutoberseite glatt, mit flach anliegenden, ungleichmäßig verteilten grauen bis bräunlichen Flöckchen (Hüllreste) bedeckt, die sich leicht abwischen lassen; Hutrand glatt, nicht gerieft; Huthaut komplett tortenstückartig abziehbar. Lamellen weiß; am Stiel ausgebuchtet, selten auch frei; dicht stehend. Stiel jung weiß, bei älteren Exemplaren grau oder beige genattert; zylindrisch, mit knollig verbreiterter Stielbasis, Knolle mit Warzen und mit bräunlichen Flecken (Reste des Velums); Ring oberseits weiß, unterseits grau, hängend, kammartig gerieft. Fleisch weiß, läuft im Anschnitt bräunlich an, direkt unter der Huthaut eher braun; Geruch dumpf nach Rettich oder Rüben, Geschmack mild (bitte nicht probieren!). Sporenpulver weiß

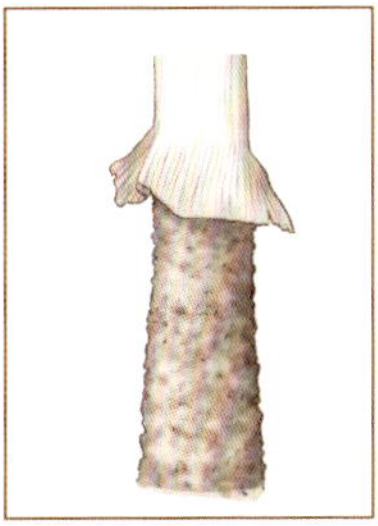

Der Stielbereich unterhalb des Rings ist fein beflockt.

VERWENDUNG bedingt essbar; nicht besonders wohlschmeckend

VERWECHSLUNGSGEFAHR mit dem sehr giftigen Pantherpilz (*Amanita pantherina*, siehe Seite 84/85), dieser aber mit deutlich abgesetzter Knolle an der Stielbasis

BEOBACHTUNGS-/SAMMELZEIT

J	F	M	A	M	J	J	A	S	O	N	D

Kaiserling (§)

Amanita caesarea

In der Antike war der Verzehr des Kaiserlings aufgrund seines exquisiten Geschmacks ausschließlich den römischen Cäsaren und Adeligen vorbehalten, daher sein Name. Die Römer waren es auch, die den Wärme liebenden Pilz nach Mitteleuropa brachten, wo er heute nur an wenigen Plätzen zu finden ist.

VORKOMMEN in Mitteleuropa selten, bei uns nur in wärmeren Lagen Süddeutschlands, etwa am Rhein oder bei Passau, in Südeuropa häufiger; einzeln bis gesellig in Laubwäldern; Mykorrhizapilz der Eiche oder Esskastanie; auf sauren Böden

GRÖSSE Stiel 8–15 cm lang, Durchmesser 2–3 cm; Hutdurchmesser 8–15 (–20) cm

Ganz junge Fruchtkörper sind kugelig-eiförmig und umgeben von einer weißen Schutzhülle (Velum).

MERKMALE Hut leuchtend rot, rotorange oder gelblich orange gefärbt, deshalb heißt die Art auch Orangegelber Wulstling; ganz jung kugelig-eiförmig, umgeben von weißer Schutzhülle (Velum), später gewölbt, bei älteren Exemplaren flach; Hutoberseite glatt, bei feuchter Witterung leicht schmierig, trocken glänzend, selten mit hellen, häutigen Velumresten bedeckt; Hutrand bei älteren Fruchtkörpern deutlich gerieft. Lamellen blassgelb bis goldgelb; am Stiel nicht angewachsen; stehen dicht gedrängt. Stiel zitronengelb; zylindrisch, an der Basis knollig verdickt, nach oben etwas verjüngt; faserig; vollfleischig bis hohl; mit weitem, zitronengelbem Ring, dieser oberseits fein gerieft, häutig, herabhängend. Fleisch gelblich weiß; fest; Geruch angenehm, Geschmack mild, nussartig. Sporenpulver weiß

VERWENDUNG essbar; vor allem in Südeuropa als ausgezeichneter Speisepilz geschätzt, dort auch Marktpilz; gilt als Salatpilz, das heißt, er kann auch roh gegessen werden

VERWECHSLUNGSGEFAHR mit einem Fliegenpilz (*Amanita muscaria*, **siehe Seite 76/77**), dessen weiße Flocken auf dem Hut durch Regen etc. abgewaschen sind und dessen Hutfarbe nach Regen untypisch orange ist; Stiel des Fliegenpilzes immer ohne Scheide, Lamellen stets weiß

BEOBACHTUNGS-/SAMMELZEIT

J	F	M	A	M	J	J	A	S	O	N	D

Typisch

An der knolligen Stielbasis befindet sich stets eine sackartige, lappige, helle Scheide (Volva), woran man den Kaiserling gut vom Fliegenpilz unterscheiden kann.

Parasol

Macrolepiota procera

Der Parasol ist schon durch seine Größe leicht bestimmbar. Sein Name stammt aus dem Französischen und bedeutet Sonnenschirm. Die stattliche Größe von 30 bis 40 Zentimetern kommt in den weiteren Namen Riesenschirmling oder Riesenschirmpilz zum Ausdruck. Parasole lassen sich mittlerweile auch zu Hause züchten.

VORKOMMEN in Mitteleuropa verbreitet, häufig; einzeln oder in kleinen Gruppen in lichten Laub- und Nadelwäldern, auf Waldlichtungen, Heiden, an Weg- und Waldrändern, auf Wiesen in Parks und Gärten; Saprobiont der Laub- und Nadelstreu; meidet saure Böden

GRÖSSE Stiel 15–30 (–40) cm lang, 1,5–2,5 cm Durchmesser; Hutdurchmesser 10–30 (–40) cm

MERKMALE Hut jung blass graubräunlich, reißt beim Aufschirmen

BEOBACHTUNGS-/SAMMELZEIT

J	F	M	A	M	J	J	A	S	O	N	D

Die Hüte junger Parasole sind wie Paukenschlägel geformt.

Der Raue Stachelschirmling ist ein giftiger Doppelgänger.

felderig ein, dann mit zahlreichen dunkleren Schuppen auf hellem Grund, ist dann am Rand deutlich heller; bei jungen Pilzen kugelig, bei älteren gewölbt bis ausgebreitet, mit dunklerem, stumpfem Buckel; Huthaut trocken, Hutrand hängt über. Lamellen weiß, im Alter oft braunfleckig; am Stiel nicht angewachsen; gedrängt stehend; oft breiter als das weißliche Hutfleisch; weich. Stiel beigebraun, dunkler genattert; zylindrisch, an der Basis stark keulig verbreitert; zäh, röhrig-hohl; mit doppeltem, weißem, unterseits bräunlichem, verschiebbarem Ring. Fleisch weiß, verfärbt sich im Anschnitt und bei Verletzungen nicht; im Stiel wattig weich und längsfaserig, im Hut zart; Geruch und Geschmack angenehm nussartig. Sporenpulver weißlich

VERWENDUNG essbar; ausgezeichneter Speisepilz, für alle Zubereitungsarten geeignet; verwendet werden meist nur die Hüte; roh giftig

VERWECHSLUNGSGEFAHR mit kleinen, stark giftigen Schirmlingen der Gattung *Echinoderma*, z.B. dem stechend riechenden Rauen Stachelschirmling (*Echinoderma asperum*), die gelegentlich recht groß werden können; ihnen fehlt aber der Kollar

Typisch

Die Lamellen sind frei, also nicht am Stiel angewachsen. Bevor sie auf das Hutfleisch treffen, sind sie wie mit einer Manschette, dem sogenannten Kollar (siehe Seite 19), miteinander verbunden.

Kleiner Wald-Champignon

Agaricus silvaticus

Unter den Champignons gibt es viele hervorragende Speisepilze, allerdings auch einige giftige Arten. Wichtigstes gemeinsames Kennzeichen der essbaren Arten ist das im Anschnitt oder an Verletzungen mehr oder weniger stark rötende Fleisch. Von den oft ähnlich aussehenden, aber tödlich giftigen Knollenblätterpilzen unterscheiden sich alle Champignonarten durch die bereits bei jungen Pilzen rosafarbenen, bei älteren Fruchtkörpern schokoladenbraunen Lamellen und das Fehlen einer Scheide um die Knolle.

BEOBACHTUNGS-/SAMMELZEIT

J	F	M	A	M	J	J	A	S	O	N	D

VORKOMMEN in Mitteleuropa weit verbreitet und häufig; wächst oft in Gruppen in Nadelwäldern, besonders in Fichtenwäldern, seltener in Mischwäldern, in Parks und Gärten; Saprobiont in der Nadel- und Laubstreu; auf kalkhaltigen bis neutralen Böden

Der giftige Perlhuhn-Egerling, ein seltener Doppelgänger, verfärbt sich im Anschnitt chromgelb.

GRÖSSE Stiel 5–12 cm lang, 1,5–2 cm Durchmesser; Hutdurchmesser 4–10 cm

MERKMALE Hut einheitlich rost- bis graubraun, breit dunkel dachziegelartig geschuppt, bisweilen auch rotbräunlich gefleckt; jung halbkugelig und eingerollt, nach dem Aufschirmen leicht gewölbt bis flach, oft mit vertiefter Hutmitte; Hutoberseite trocken. Lamellen jung blassrosa, allmählich graurötlich, dann schokoladenbraun bis braunschwarz; am Stiel nicht angewachsen; dicht stehend. Stiel weiß; oberhalb des Rings glatt, darunter feinflockig; zylindrisch, mit leicht verdickter Basis; anfangs vollfleischig, später hohl; mit breitem, hängendem Ring, dieser anfangs weiß, später durch die ausfallenden Sporen dunkel. Fleisch weißlich; Geruch angenehm, Geschmack mild und nussartig. Sporenpulver schokoladenbraun

Typisch

Das weißliche Fleisch verfärbt sich im Anschnitt und bei Druck langsam rötlich. Der Hutrand steht gelegentlich etwas häutig über.

VERWENDUNG essbar; ergiebiger und ausgesprochen wohlschmeckender Speisepilz für alle Zubereitungsarten

VERWECHSLUNGSGEFAHR bei hellhütigen Wald-Champignons mit dem giftigen Perlhuhn-Egerling (*Agaricus moelleri/praeclaresquamosus*), dieser läuft aber im Anschnitt chromgelb an, sowie mit dem schwach giftigen Rebhuhn-Champignon (*Agaricus phaeolepidotus*), dessen Fleisch nur schwach gilbt; beide Giftpilze riechen nach Karbol und verursachen starke Verdauungsstörungen

Wiesen-Champignon

Agaricus campestris

Der Name Champignon leitet sich von dem französischen Wort »champ« für Feld ab und bedeutet »auf dem Feld wachsend«. Dies trifft auch auf viele Arten zu. Der Wiesen-Champignon ist ein guter Speisepilz. Wenn es nach einer längeren warmen Trockenperiode reichlich regnet, ist die Chance groß, dass er üppig fruchtet. Da die Art sehr variationsreich ist, lässt sie sich oft schwer von anderen ähnlichen Arten unterscheiden.

VORKOMMEN in Mitteleuropa weit verbreitet, lokal häufig; gesellig, oft in Gruppen, Reihen oder Hexenringen auf ungedüngten Wiesen und Weiden, Feldern, auch in Parks und Gärten; Saprobiont am Boden; auf nährstoffreichen Böden

GRÖSSE Stiel 5–7 (–10) cm lang, 1–2 cm Durchmesser; Hutdurchmesser 3–8 (–12) cm

Mit fortschreitendem Alter werden die Lamellen immer dunkler.

MERKMALE Hut jung weiß, alte Exemplare rosabräunlich getönt; anfangs halbkugelig, älter flach gewölbt bis ausgebreitet, ziemlich dick; Hutoberseite glatt, kahl bis feinschuppig; Huthaut steht am Rand über, lässt sich gut abziehen. Lamellen rosa bis schokoladenbraun; frei; relativ dicht stehend. Stiel weiß, selten rosa überhaucht; zylindrisch, mit leicht zugespitzter Basis; voll; brüchig, etwas faserig; mit hängendem, häutigem, weißem Ring, der nach dem Aufschirmen manchmal nur schwach ausgeprägt ist oder ganz fehlt. Fleisch weiß, etwas rötend; dick; Geruch angenehm, Geschmack mild nussartig. Sporenpulver dunkelbraun

VERWENDUNG essbar; sehr guter Speisepilz, der für alle Zubereitungsarten geeignet ist; sehr ergiebig, wenn in Massen auftretend

VERWECHSLUNGSGEFAHR mit dem giftigen Karbol-Champignon (*Agaricus xanthoderma,* siehe Seite 98/99), dessen Stielknolle verfärbt sich aber im Anschnitt intensiv gelb; mit dem Kegelhütigen Knollenblätterpilz (*Amanita virosa,* siehe Seite 82/83), dieser aber stets mit weißen Lamellen und mit scheidiger Knolle

BEOBACHTUNGS-/SAMMELZEIT

J	F	M	A	M	J	J	A	S	O	N	D

Typisch

Der Stiel des Wiesen-Champignons ist an der Basis nicht verdickt. Das Fleisch verfärbt sich im Anschnitt nicht rötlich, ganz selten ist es zart rosa überhaucht.

Schaf-Champignon

Agaricus arvensis

Zur Gattung Agaricus, den Champignons oder Egerlingen, gehören etwa 75 Arten mit weißen, gelblichen oder braunen Hüten. Kennzeichen sind freie Lamellen, die bereits bei jungen Fruchtkörpern graurosa, nie rein weiß sind, und später schokoladenbraun werden. Als Regel gilt, dass alle rötenden Arten essbar sind. Alle Arten, deren Stielknolle sich intensiv gelb verfärbt und die nach Karbol riechen, sind giftig. Um eine Verwechslung mit weißen Knollenblätterpilzen zu vermeiden, sollte immer die Farbe der Lamellen beachtet werden.

Der ähnliche, ebenfalls essbare Schiefknollige Anis-Egerling kommt in Nadel- und Mischwäldern vor.

VORKOMMEN in Mitteleuropa weit verbreitet und häufig; meist gesellig auf Wiesen und Weiden, in Parks, Gärten, an Wald- und Wegrändern; Saprobiont am Boden; auf humosen Böden

GRÖSSE Stiel 6–15 cm lang, 1–2,5 cm Durchmesser; Hutdurchmesser 5–15 (–20) cm

MERKMALE Hut anfangs weiß, glatt, auf Druck langsam gilbend, im Alter zunehmend gelblich verfärbt, dann oft feinschuppig; jung halbkugelig mit stark eingerolltem Hutrand, dann gewölbt, im Alter mehr oder weniger flach ausgebreitet, mit breitem Buckel in der Mitte. Lamellen lange Zeit blass graurosa, schließlich purpur- bis schwarzbraun; frei; dicht stehend. Stiel weiß bzw. bei älteren Fruchtkörpern gelbfleckig; zylindrisch, zur Basis hin knollig verbreitert; mit hängendem, doppeltem Ring. Fleisch weiß, gilbend; Geruch nach Anis, Geschmack nussartig und mild. Sporenpulver dunkelbraun

VERWENDUNG essbar; guter Speisepilz

VERWECHSLUNGSGEFAHR mit dem giftigen Karbol-Champignon (*Agaricus xanthoderma,* siehe Seite 98/99), dieser aber im Anschnitt mit chromgelb verfärbender Stielbasis; mit dem tödlich giftigen Kegelhütigen Knollenblätterpilz (*Amanita virosa,* siehe Seite 82/83), dieser aber immer mit scheidiger Stielbasis

ÄHNLICHE ART Der Schiefknollige Anis-Egerling (*Agaricus essettei*) riecht ebenfalls angenehm nach Anis.

BEOBACHTUNGS-/SAMMELZEIT

J	F	M	A	M	J	J	A	S	O	N	D

Typisch

Der Schaf-Champignon gilbt bzw. verfärbt sich gelblich bei Verletzungen und bei älteren Fruchtkörpern zumindest unter der Huthaut. Besonders beim Reiben verströmt er einen intensiven Geruch nach Anis oder Bittermandel. Deshalb nennt man ihn auch Weißen Anis-Egerling.

Karbol-Champignon †

Agaricus xanthoderma

Der Karbol-Champignon oder Karbol-Egerling ist nach seinem unangenehmen Karbolgeruch (Desinfektionsmittel) benannt, der sich beim Kochen noch intensiviert. Karbol ist der veraltete Begriff für Phenol. Der giftige Pilz unterscheidet sich durch die im Anschnitt intensiv gelb verfärbende Stielknolle von essbaren Champignon-Arten; dieses Merkmal ist auch im wissenschaftlichen Artnamen enthalten: xanthoderma *bedeutet gelbe Haut.*

VORKOMMEN in Mitteleuropa verbreitet, häufig; wächst gesellig, oft in Hexenringen, in lichten Laub- und (seltener) Nadelwäldern, an Waldrändern, auf Wiesen, Weiden, in Gärten und Parks; Saprobiont am Boden; auf nährstoffreichen und kalkhaltigen Böden

Im Anschnitt oder an Druckstellen gilbt das Fleisch.

GRÖSSE Stiel 6–10 cm lang, Durchmesser 1,5–2 cm; Hutdurchmesser 6–12 cm

MERKMALE Hut bei jungen Fruchtkörpern kalkweiß, glatt, später im Zentrum blass graubraun; anfangs halbkugelig mit rundem oder abgeflachtem Scheitel (sieht dadurch im Querschnitt trapezförmig aus), bei älteren Exemplaren ausgebreitet; blass graubraune Hutmitte älterer Exemplare gelegentlich schuppig aufbrechend; Hutrand lange heruntergebogen. Lamellen jung blassgrau bis rosa, alt dunkelbraun bis schwärzlich; am Stiel frei, nicht angewachsen; dicht stehend. Stiel weiß; zylindrisch, mit deutlich knolliger Basis; ziemlich lang und schlank; glatt; mit weißem, häutigem Ring, dieser bald hängend. Fleisch weiß, im Anschnitt, an Druckstellen oder beim Reiben gilbend, im Knollenanschnitt intensiv chromgelb; Geruch nach Karbol oder Tinte, Geschmack unangenehm. Sporenpulver dunkelbraun

VERWENDUNG giftig, aber ohne Todesfolge, heißt deshalb auch Gift-Champignon; löst bereits kurz nach dem Verzehr heftige Magen Darm-Beschwerden aus

VERWECHSLUNGSGEFAHR mit anderen Champignon-Arten, so dem essbaren Schaf-Champignon (*Agaricus arvensis*, siehe Seite 96/97), dessen Fleisch gilbt zwar, wird aber nicht intensiv gelb in der Knolle, auch riecht er nie nach Karbol

ÄHNLICHE ART Der ebenfalls giftige Perlhuhn-Egerling (*Agaricus praeclaresquamosus*) verfärbt sich in der Knolle auch chromgelb und reicht nach Karbol.

BEOBACHTUNGS-/SAMMELZEIT

J	F	M	A	M	J	J	A	S	O	N	D

Typisch

Die Unterseite geschlossener Hüte ist stets mit einem glatten, nie zahnradartigen Velum verschlossen. Daraus entsteht der markante weiße, doppelte Ring.

Riesenträuschling

Stropharia rugosoannulata

Der schmackhafte Riesenträuschling ist im Volksmund auch als Braunkappe bekannt. Unter diesem Namen wird er in der Regel auf Märkten angeboten. Die Kulturform dieser Art heißt oft auch Kultur-Träuschling. Mittlerweile ist sie in Fertigpackungen zum Selberziehen für zu Hause erhältlich.

VORKOMMEN in Mitteleuropa zerstreut verbreitet, selten bis lokal häufig, dehnt anscheinend durch die Verwendung von Rindenmulch und Strohhäckseln sein Verbreitungsgebiet aus; einzeln oder gesellig in Parks, Gärten, an Weg- und Straßenrändern, in Ackerflächen; Saprobiont auf verrottendem Pflanzenmaterial wie Häckselgut, Pflanzenresten oder Rindenmulch; auf gedüngten Böden

GRÖSSE Stiel 7–15 (–20) cm lang, 2,5–3,5 cm Durchmesser; Hutdurchmesser 8–20 (–25) cm

Durch das dunkle Sporenpulver sind nicht nur die Lamellen älterer Fruchtkörper schwarzviolett, auch der weiße Ring wird immer dunkler.

MERKMALE Hut grau- bis rotbraun; jung halbkugelig, älter flacher gewölbt bis ausgebreitet; Hutoberseite fast trocken und matt, kann später schuppig-felderig aufreißen, bei feuchtem Wetter schmierig; jung mit weißlichen Velumresten bedeckt. Lamellen jung hellgrau, dann lange grauviolett, bei älteren Fruchtkörpern schwärzlich; breit am Stiel angewachsen; eng stehend. Stiel blass, Bereich oberhalb des Rings weiß, fein gerieft, darunter mit gelblicher Faserstruktur; zylindrisch, an der Basis leicht keulig, Basis mit auffälligen weißen Myzelsträngen; mit kompaktem, grob gezähntem, oberseits längsriefigem, häutigem Ring. Fleisch weiß, unter der Huthaut gelblich; dickfleischig und fest; Geruch schwach nach Rettich, Geschmack wie rohe Kartoffeln. Sporenpulver dunkel braunviolett

VERWENDUNG essbar; ergiebiger Speisepilz, der aber ausreichend erhitzt werden muss; enthält Stoffe, die nicht jeder verträgt

VERWECHSLUNGSGEFAHR mit dem seltenen, vermutlich giftigen Üppigen Träuschling (*Stropharia hornemannii*), dieser aber mit schmierigem, gelblich braunem Hut und ungezähntem Ring, wächst im Bergnadelwald

BEOBACHTUNGS-/SAMMELZEIT

J	F	M	A	M	J	J	A	S	O	N	D

Typisch

Der Name drückt bereits aus, dass diese Art oft sehr groß wird. Das weiße Fleisch verfärbt sich im Anschnitt nicht.

Stockschwämmchen

Kuehneromyces/Pholiota mutabilis

Das Stockschwämmchen ist ein sogenannter hygrophaner Pilz. Das bedeutet, dass es bei trockenem Wetter durch den Verlust von Feuchtigkeit ein völlig anderes Aussehen und eine andere Färbung bekommt als bei feuchter Witterung, wenn es wieder viel Flüssigkeit in seine Zellen aufgenommen hat. Trocken sind solche Pilze in der Regel heller als im feuchten Zustand.

VORKOMMEN im gemäßigten Europa weit verbreitet, sehr häufig; wächst gesellig in dichten Büscheln auf morschem Holz, v.a. auf Strünken und Stämmen von Laubbäumen, seltener von Nadelbäumen; Saprobiont auf Holz, Weißfäulepilz

Die Pilzkörper bedecken oft den ganzen Strunk. Die Stiele sind häufig stark verbogen.

GRÖSSE Stiel 5–7 cm lang, 0,3–0,8 cm Durchmesser; Hutdurchmesser 3–6 cm

MERKMALE Hut dattelfarben bis honigbraun, trocken am Scheitel wesentlich blasser; jung gewölbt mit deutlichem Buckel, später flach ausgebreitet mit stumpfem Buckel; Hutoberseite feucht fettig glänzend, bei jungen Exemplaren fein geschuppt, später glatt, weil vom Regen abgewaschen; Hutrand leicht gerieft. Lamellen zuerst blass gelbbraun, dann zimtfarben; mit Zähnchen herablaufend; dicht stehend. Stiel gelblich-bräunlich, Basis dunkelbraun; zylindrisch, schlank; mit deutlichem, auch bei älteren Fruchtkörpern noch sichtbarem Ring. Fleisch im Stiel bräunlich, im Hut gelblich; von faseriger Struktur; Geruch und Geschmack angenehm mild, nie mehlartig. Sporenpulver rostbraun

VERWENDUNG essbar; beliebter ergiebiger Speisepilz, besonders geeignet als Suppenpilz; nur die Hüte verwenden, die Stiele sind zäh; sollte nicht roh und nur ausreichend gegart gegessen werden

VERWECHSLUNGSGEFAHR mit dem manchmal tödlich giftigen Gifthäubling (*Galerina marginata*, siehe Seite 104/105), der mit dem Stockschwämmchen vergesellschaftet sein kann, allerdings Nadelholzstrünke bevorzugt; mit dem giftigen Grünblättrigen Schwefelkopf (*Hypholoma fasciculare*), dieser aber mit grüngelben Lamellen, bitterem Geschmack und ohne Ring

BEOBACHTUNGS-/SAMMELZEIT

J	F	M	A	M	J	J	A	S	O	N	D

Typisch

Die Hüte sind meist zweifarbig, wobei die Mitte heller ist. Unterhalb des Rings ist der Stiel mit sparrigen Schüppchen besetzt.

Gifthäubling ☠

Galerina marginata

Der Gifthäubling, wegen seines bevorzugten Wuchsortes auch Nadelholz-Häubling genannt, ist ein Doppelgänger des essbaren Stockschwämmchens. Unter den Büscheln der essbaren Pilze können sich hin und wieder ein paar Gifthäublinge verstecken. Der Gifthäubling enthält ähnliche Giftstoffe wie die Knollenblätterpilze. Bereits 100 Gramm frischer Pilz können tödlich wirken.

VORKOMMEN in Mitteleuropa weit verbreitet, häufig; wächst meist einzeln, aber dichte Rasen bildend, überwiegend auf totem Nadelholz, seltener auch auf totem Laubholz; Saprobiont auf Stämmen, Stümpfen oder Häckseln

GRÖSSE Stiel 2,5–6 cm lang, 0,2–0,5 cm Durchmesser; Hutdurchmesser 2–3 (–5) cm

MERKMALE Hut hygrophan (siehe Seite 102): bei feuchtem Wetter gelb- bis orangebraun, fettig glänzend, im trockenen Zustand am Rand blasser; anfangs halbkugelig, später gewölbt bis flach ausgebreitet, oft mit flach gebuckelter Mitte; Hutoberseite kahl und glatt; Hutrand steht leicht über. Lamellen anfangs cremebraun, später rostbraun; am Stiel angewachsen oder leicht herablaufend; dicht stehend; dünn. Stiel unterhalb des Rings bräunlich mit silbrigweiß gefaserter Oberfläche, zur Basis hin schwarzbraun, oberhalb

BEOBACHTUNGS-/SAMMELZEIT

J	F	M	A	M	J	J	A	S	O	N	D

des Rings bräunlich und glatt; zylindrisch, lang und schlank; hohl; mit hell gelblich braunem, häutigem, hängendem Ring, dieser nicht umgerollt, oft vom Sporenpulver braun gefärbt und leicht abfallend. Fleisch ockergelb bis bräunlich; dünn; Geruch und Geschmack schwach nach Mehl. Sporenpulver rostbraun

VERWENDUNG sehr giftig; der Verzehr kann tödlich enden

VERWECHSLUNGSGEFAHR
mit dem essbaren Stockschwämmchen (*Kuehneromyces/Pholiota mutabilis*, siehe Seite 102/103), dieses jedoch mit geschupptem Stiel und nie mit Mehlgeruch

Typisch

Auch wenn der Gifthäubling dichte Rasen bildet, wachsen die Fruchtkörper meist einzeln, selten büschelig. Der Stiel ist oft verbogen. Die Hutbreite überschreitet selten 3 cm.

Hallimasch

Armillaria ostoyae/obscura/polymyces

Der Hallimasch zählt zu den größten Lebewesen auf der Erde! Anfang dieses Jahrhunderts wurde im Malheur National Forest in den Blue Mountains in Oregon (USA) ein Hallimasch gefunden, dessen Hyphenstränge sich über eine Fläche von 9 qkm erstreckten. Das entspricht der Fläche des Tegernsees. Die Masse seiner Fruchtkörper wog 600 Tonnen. Was viele Pilzsammler freut, ärgert den Förster, denn der Hallimasch schadet durch seinen Parasitismus dem Baumbestand.

VORKOMMEN in ganz Europa verbreitet, ist in Mitteleuropa einer der häufigsten Pilze; wächst in Büscheln, die aus einem Punkt zu entspringen scheinen, oder in Gruppen an Baumstümpfen, verdeckten Wurzeln oder Stämmen von Nadelbäumen; Saprobiont an Totholz, Parasit an lebendem Nadelholz

GRÖSSE Stiel 10–15 cm lang, Durchmesser 1,5–2,5 cm; Hutdurchmesser 4–10 cm

Der ähnliche Honiggelbe Hallimasch wächst eher auf Laubholz.

Der Stiel oberhalb des hellen, häutig-filzigen Rings ist weiß.

MERKMALE Hut bräunlich fleischfarben, oberseits mit feinen, dunkelbraunen, sparrigen Schuppen bedeckt, die zur Mitte hin dichter stehen und sich abwischen lassen; jung gewölbt, später eher flach bis ausgebreitet, in der Mitte oft etwas niedergedrückt; oberseits trocken; Hutrand lange eingebogen, später gerieft, mit hellen Velumresten. Lamellen cremeweiß, später eher orangebräunlich, im Alter rotbraun fleckend; angewachsen; dicht stehend; unterschiedlich lang. Stiel bräunlich; zylindrisch, mit meist verdickter Basis; oft gebogen; faserig-flockig geschuppt; bei älteren Fruchtkörpern hohl; mit Ring. Fleisch anfangs weiß, später rosabräunlich; Stielfleisch zäh und faserig; Geruch angenehm, nach längerem Kauen unangenehmes Kratzen im Mund. Sporenpulver weiß

VERWENDUNG essbar; gilt bei vielen als guter Speisepilz, muss aber mindestens 20 Minuten gekocht und das Kochwasser weggegossen werden, bevor er zubereitet wird; ist roh giftig; Menschen mit empfindlichem Magen sollten ihn selbst gekocht nicht essen

VERWECHSLUNGSGEFAHR mit dem ungenießbaren, bitter schmeckenden Sparrigen Schüppling (*Pholiota squarrosa,* siehe Seite 154/155)

Typisch

Der helle Ring weist einen braunen Rand auf. In bestimmten Wachstumsphasen bringt der Hallimasch das Holz, auf dem er wächst, in der Dunkelheit zum Leuchten.

Reifpilz

Cortinarius/Rozites caperatus

Der Hut des jungen Fruchtkörpers scheint beim Reifpilz wie mit silbrigem, violett schillerndem Reif überzogen. Bei älteren Pilzen ist der reifartige Schimmer vor allem auf die Scheitelmitte konzentriert. Dann hat der Hut eine gelblich braune Färbung. Vom Rand her reißt er später strahlig ein.

VORKOMMEN in Mitteleuropa recht häufig; Nadelwälder, seltener Laubwälder, meist zwischen Heidekraut und Heidelbeeren, in Moospolstern; Mykorrhizapilz der Kiefer und Fichte; auf sauren Böden

GRÖSSE Stiel 5–15 cm lang, 1,5–2 cm Durchmesser; Hutdurchmesser 5–10 cm

Die Schneiden der Lamellen sind gekerbt, dadurch wirkt das Lamellenfutter runzelig.

MERKMALE Hut jung strohgelb, semmel- bis lehmfarben, mit silbrig-violetter Bereifung, später nur in der Mitte bereift; anfangs halbkugelig, dann gewölbt, bei älteren Exemplaren ausgebreitet, stumpf gebuckelt; Hutrand jung eingebogen, alt bei Trockenheit oft tief eingerissen; Hutoberseite matt, trocken. Lamellen jung blass ockerfarben, später bräunlich ockerfarben; am Stiel breit angewachsen; gedrängt stehend. Stiel schmutzig weißlich, seidig faserig gestreift, zum Hut hin mit weißen Flocken besetzt; zylindrisch, mit leicht keuliger Basis; voll; mit blassgelbem, anliegendem Ring im oberen Stieldrittel, dieser mit doppeltem Rand und oberseits gerieft. Fleisch weißlich; weich, fleischig, oft wässrig marmoriert; Geruch und Geschmack angenehm. Sporenpulver rostbraun

VERWENDUNG essbar; wohlschmeckender, ergiebiger Speisepilz, der leider häufig von Maden befallen ist; sollte nicht so häufig auf dem Speiseplan stehen, da er stark mit radioaktiven Elementen wie Cäsium belastet ist

VERWECHSLUNGSGEFAHR bei Fehlen des Rings mit Schleierlingen, wie z.B. jungen Exemplaren des Lila Dickfußes (*Cortinarius traganus*, *siehe Seite 168/169*), dieser jedoch immer mit Rhizomorphen im Boden und blasseren Lamellen; mit einigen größeren Arten der Gattung *Inocybe*, etwa dem Ziegelroten Risspilz (*Inocybe erubescens*, siehe Seite 160/161)

BEOBACHTUNGS-/SAMMELZEIT

J	F	M	A	M	J	J	A	S	O	N	D

Typisch

Der Reifpilz hat stets einen deutlich ausgeprägten, kompakten Stielring. Unter dem Überzug ist der Hut hell honigbraun.

Lamellenpilze, Stiel ohne Ring

Austernseitling

Pleurotus ostreatus

Austernseitlinge gehören zu den am häufigsten kultivierten Pilzarten weltweit. Aus der Gemüseabteilung in Lebensmittelläden sind sie jedermann bekannt, doch sie wachsen auch wild. Die gestaffelte Anordnung der Hüte in einem Büschel Pilze, die an das Aussehen einer Austernbank erinnert, hat zum Namen Austernseitling geführt.

Der bitter schmeckende Gelbstielige Muschelseitling unterscheidet sich vom Austernseitling durch gelben Stiel und gelbe Lamellen sowie matte Hutoberseite.

VORKOMMEN weltweit verbreitet, lokal häufig; Laubwälder, bei uns vorwiegend Rotbuchenwälder, auch Weiden oder Pappeln; Saprobiont oder Schwächeparasit an lebenden oder toten Stämmen, Weißfäuleerreger

GRÖSSE Stiel 1–3 cm lang, 1–2 cm Durchmesser; Hutdurchmesser 5–15 (–20) cm

MERKMALE Hut: grau mit Stich ins Blaue, Lilafarbene oder Braune, ältere Exemplare blasser; muschelförmig; Hutoberseite glatt, glänzend, feucht klebrig. Lamellen: weißlich; laufen am Stiel herab; dicht stehend, sind zum Teil gegabelt, in Stielnähe mit kurzen Querverbindungen. Stiel: weißlich; dick, sehr kurz oder fast fehlend, geht direkt in den Hut über; Basis filzig. Fleisch: weiß; jung weich, später zäh; Geruch würzig, Geschmack mild. Sporenpulver: weiß

VERWENDUNG essbar; sehr guter, im Kühlschrank lange haltbarer Speisepilz, für alle Zubereitungsarten geeignet, wird wegen des feinen Geschmacks auch Kalbfleischpilz genannt; Stiel wird leicht zäh, dann nicht verwenden; kann roh verzehrt zu Magen-Darm-Beschwerden führen

VERWECHSLUNGSGEFAHR mit dem ungenießbaren, ebenfalls im Winter wachsenden Gelbstieligen Muschelseitling (*Sarcomyxa serotina*), er hat aber einen gelben Stiel und gelbe Lamellen sowie eine gelatinöse Schicht unter der Huthaut

BEOBACHTUNGS-/SAMMELZEIT

J	F	M	A	M	J	J	A	S	O	N	D

Typisch

Der Austernseitling ist einer der wenigen Winterpilze bei uns. Die einzelnen Fruchtkörper sind oft büschelig verwachsen, das heißt, sie entspringen einem Punkt.

Rasiger Purpurschneckling (🍴)

Hygrophorus erubescens

Die Schnecklinge der Gattung Hygrophorus *gehören zu den Wachsblättlern. Kennzeichen dieser Familie ist die wachsartige Konsistenz der Lamellen. Der wissenschaftliche Gattungsname nimmt Bezug auf den meist schleimigen Überzug der Hüte (*hygro *bedeutet* »feucht«, nass, phoros *bedeutet* »tragen«*). An geeigneten Standorten wächst der Purpurschneckling oft in dichten Gruppen – Rasen.*

VORKOMMEN in Mitteleuropa nicht häufig, vor allem im Bergland, wird nach Norden zu immer seltener; wächst mitunter gesellig in Rasen oder Kreisen in Nadel- und Mischwäldern; Mykorrhizapilz von Nadelbäumen, meist der Fichte; auf Kalk

GRÖSSE Stiel 3–7 (–10) cm lang, 1–2 cm Durchmesser; Hutdurchmesser 7–10 cm

MERKMALE Hut weißlich mit weinroten Flecken, bei älteren Exemplaren nach Berührung auch mit gelben Flecken, kann auch fast weiß oder ganz weinrot sein; bei jungen Fruchtkörpern gewölbt, später flach und oft unregelmäßig verbogen; Hutoberseite bei feuchter Witterung schmierig-klebrig, bei trockenem Wetter kahl; Hutrand bei jungen Exemplaren eingerollt. Lamellen jung weiß, später mit weinroten Flecken; breit am Stiel angewachsen, später herablaufend; relativ weit stehend, vereinzelt gegabelt; dick. Stiel weiß, am Hutansatz oft mit weinroten Flöckchen; zylindrisch, oft bogig, an der Basis zugespitzt; voll. Fleisch weiß, läuft bei Druck allmählich gelblich an; dick; Geruch unauffällig, Geschmack meist schwach bitter. Sporenpulver weiß

Hut und Lamellen haben oft weinrötliche Flecken. Darauf bezieht sich der wissenschaftliche Artname erubescens *(bedeutet »errötend«). Im oberen Bereich weist der Stiel feine weinrote Flöckchen oder Körnchen auf.*

VERWENDUNG ungenießbar, weil bitter

ÄHNLICHE ART Der Orangeschneckling (*Hygrophorus pudorinus*) ist ebenfalls ungenießbar, hat gelbes Fleisch an der Stielbasis und wächst unter Weißtannen. Der seltenere Geflecktblättrige Purpurschneckling (*Hygrophorus russula*) hat einen kräftigeren Stiel, weist keine Gelbfärbung auf und wächst in Laubwäldern; er schmeckt nicht bitter.

BEOBACHTUNGS-/SAMMELZEIT

J	F	M	A	M	J	J	**A**	**S**	**O**	N	D

Typisch

Der Rasige Purpurschneckling ist ein fleischiger Pilz mit kompakter Statur. Auf Druck gilbt das Fleisch.

Schwärzender Saftling † (§)

Hygrocybe conica/nigrescens

BEOBACHTUNGS-/SAMMELZEIT

J	F	M	A	M	J	J	A	S	O	N	D

Die Saftlinge, Gattung Hygrocybe, *haben überwiegend leuchtend rot oder gelb gefärbte Fruchtkörper. Kennzeichnend ist die glasige bis wachsige Konsistenz des meist kegeligen Hutes, worauf sich der englische Name Waxcap bezieht. Der Schwärzende Saftling braucht magere Standorte und verträgt keine Düngung. Da diese Lebensräume bei uns immer seltener werden, ist die Art wie alle Saftlinge geschützt.*

VORKOMMEN in ganz Europa zerstreut bis verbreitet, aber selten, vor allem in höheren Lagen; wächst einzeln bis gesellig auf Magerwiesen, Trockenrasen, Almen, auf Lichtungen in Laubwäldern, an Wald- und Straßenrändern; Mykorrhizapilz auf Gras

GRÖSSE Stiel 3–8 cm lang, 1–2 cm Durchmesser; Hutdurchmesser 3–5 cm

MERKMALE Hut orangegelb bis -rot; jung spitzkegelig, später flacher mit Buckel, mit strahlenförmig faseriger Struktur; Hutrand oft unregelmäßig gelappt, bei älteren Exemplaren oft eingerissen. Lamellen weißlich bis blassgelb; am Stiel frei. Stiel jung zitronengelb, später schwärzlich gefasert, Basis weißlich; zylindrisch, schlank, oft gedreht gewachsen; brüchig, hohl. Fleisch gelblich, allmählich schwärzend (Name!); glasig bis wachsig, brüchig; dünn; Geruch und Geschmack unauffällig. Sporenpulver weiß

VERWENDUNG ungenießbar, vermutlich leicht giftig, kann Magen-Darm-Beschwerden hervorrufen

Typisch

Hut, Lamellen und Stiel färben sich bei Berührung schwarz und werden im Alter völlig schwarz. Darauf bezieht sich der Name nigrescens (= schwärzend). Verantwortlich dafür sind Oxidationsprozesse.

Kuhmaul

Gomphidius glutinosus

Jüngere Pilzkörper des Kuhmauls tragen eine feuchte, kühlende Haut, die an eine feuchte Kuhschnauze erinnert und wohl zum deutschen Namen beigetragen hat. Trotz Lamellen wird die Art zur Ordnung der Röhrenpilze gezählt und steht dort verwandtschaftlich den Schmierröhrlingen (Gattung Suillus*, siehe Seite 60–69) nahe. Die stark schleimige Hutoberseite führte zum weiteren deutschen Namen »Großer Schmierling«.*

VORKOMMEN in Mittel- und Nordeuropa verbreitet, häufig; Nadelwälder, meist in höheren Lagen; Mykorrhizapilz der Fichte, seltener anderer Nadelbäume; auf sauren und kalkhaltigen Böden

Die häutige Schleimschicht ist jung mit dem Stiel verbunden. Später reißt sie und kann Fäden ziehen.

GRÖSSE Stiel 4–10 cm lang, 1–2 cm Durchmesser; Hutdurchmesser 3–10 cm

MERKMALE Hut hell graubraun bis dunkelviolett, im Alter oft schwärzlich fleckend; jung halbkugelig, später leicht gewölbt mit heruntergebogenem Hutrand, im Alter etwas trichterförmig; Hutoberseite stark schleimig, Schleimschicht ist jung mit dem Stiel verbunden und hängt über, später reißt sie und kann Fäden ziehen; Huthaut lässt sich vollständig abziehen. Lamellen weiß bis hellgrau, dann zunehmend violettgrau, bei reifen Fruchtkörpern fast schwarz; ziemlich entfernt stehend, manche gegabelt; weit am Stiel herablaufend; breit, wachsartig. Stiel weiß bis hellgrau, an der Basis chromgelb (heißt deshalb auch Großer Gelbfuß); zylindrisch, zur Basis hin verjüngt; voll; schleimig überzogen; Velum bildet eine angedeutete Ringzone, die durch Sporen dunkel gefärbt ist. Fleisch weiß, später grau, in der Stielbasis leuchtend gelb; weich; Geschmack und Geruch unauffällig. Sporenpulver schwärzlich

VERWENDUNG essbar; guter Speisepilz, das Fleisch wird beim Kochen schwarz

ÄHNLICHE ART Der kleinere Fleckende Schmierling (*Gomphidius maculatus*) ist ebenfalls essbar, aber Mykorrhizapilz der Lärche.

BEOBACHTUNGS-/SAMMELZEIT

J	F	M	A	M	J	J	A	S	O	N	D

Typisch

Bei jungen Pilzkörpern überzieht eine durchsichtige Schleimschicht (Velum) Hut, Lamellen und Stiel. Beim Aufschirmen reißt sie und ist dann noch als angedeutete schleimige Ringzone zu sehen, die durch das dunkle Sporenpulver schwärzlich gefärbt ist.

Riesenrötling ☠ (§)

Entoloma sinuatum

Die Gattung Entoloma *ist in Europa mit über 200 Arten vertreten. Kennzeichen der Gruppe ist die rötliche Färbung der Sporen, der die Gattung ihren deutschen Namen »Rötling« verdankt. Beim Riesenrötling verfärben sich aufgrund des Sporenpulvers die anfangs gelben Lamellen lachsfarben. Er ist ein besonders stattliches Exemplar der Familie und heißt auch Giftrötling, weil der Verzehr bereits einer geringen Menge nach etwa vier Stunden mehrtägigen Durchfall mit Koliken und Erbrechen auslösen kann. Aus Frankreich, wo diese Pilzart häufiger vorkommt, sind sogar Todesfälle bekannt.*

VORKOMMEN in Deutschland zerstreut bis selten, als wärmeliebende Art vor allem im Südwesten; wächst einzeln, büschelig oder in Hexenringen in lichten Laubwäldern, an Wald- und Wegrändern; Mykorrhizapilz der Eiche oder Rotbuche; auf Kalk oder Lehm

Die breiten, zart lachsfarbenen Lamellen haben gewellte Schneiden. Sie sind am Stiel ausgebuchtet.

GRÖSSE Stiel 5–12 (–15) cm lang, 1–3 cm Durchmesser; Hutdurchmesser 8–20 cm

MERKMALE Hut beigegrau bis elfenbeinfarben; anfangs halbkugelig, dann flach mit stumpfem Buckel; Hutrand jung eingerollt, bei älteren Exemplaren wellig; Hutoberseite glatt, trocken seidig glänzend, bei feuchter Witterung etwas klebrig, zum Rand hin mit feiner, radialfaseriger Struktur; Huthaut lässt sich leicht abziehen; dickfleischig. Lamellen anfangs hellgelblich, später lachsfarben; entfernt stehend. Stiel weißlich oder gelblich; zylindrisch, oft mit keulig verdickter Basis; kräftig, jung fest, voll, später schwammig, hohl. Fleisch weißlich; im Stiel längsfaserig; fest; Geruch und Geschmack nach Mehl. Sporenpulver graurosa

VERWENDUNG sehr giftig; verursacht schwerste Magen-Darm-Beschwerden

VERWECHSLUNGSGEFAHR mit der essbaren Nebelkappe (*Clitocybe nebularis*, siehe Seite 122/123), die an ähnlichen Standorten vorkommen kann; mit dem essbaren Mairitterling (*Calocybe gambosa*, siehe Seite 132/133), dieser hat aber weiße, bei älteren Fruchtkörpern höchstens cremefarbene Lamellen

Typisch

Die Lamellen sind schon bei jungen Pilzkörpern gelblich-lachsfarben. Sie lassen sich nicht vom Hutfleisch ablösen. Dies ist ein gutes Unterscheidungsmerkmal zur ähnlichen Nebelkappe.

BEOBACHTUNGS-/SAMMELZEIT

J	F	M	A	M	J	J	A	S	O	N	D

Nebelkappe (🍴)

Clitocybe nebularis

Obwohl die Nebel- oder Graukappe zu den Speisepilzen zählt und unter dem Namen »Herbstblattl« früher in Süddeutschland ein bekannter Marktpilz war, ist sie nicht für jedermann verträglich: Manche Menschen leiden nach dem Verzehr einer Nebelkappen-Mahlzeit an starken Magen-Darm-Beschwerden, während andere dasselbe Gericht ohne Beschwerden genießen.

VORKOMMEN in Europa weit verbreitet, sehr häufig, kommt oft in Massen vor; wächst gesellig in Laub- und Nadelwäldern; Saprobiont unter Rotbuchen oder in der Nadelstreu

Die Nebelkappe erscheint im Spätherbst. Sie wächst bevorzugt in Bögen, Reihen oder Hexenringen. Die hellen Lamellen unterscheiden sie vom giftigen Riesenrötling.

GRÖSSE Stiel 5–12 cm lang, 2–4 cm Durchmesser; Hutdurchmesser 5–15 (–20) cm

MERKMALE Hut hellgrau bis hell graubraun, selten auch rein weiß; jung gewölbt, bei älteren Exemplaren flach und in der Mitte leicht gebuckelt oder niedergedrückt, aber nie trichterförmig; Hutrand bei jungen Pilzen eingerollt, bei älteren oft wellig verbogen; Hutoberseite trocken, matt, feinfilzig; die Huthaut lässt sich gut abziehen. Lamellen weiß bis cremefarben; breit angewachsen oder kurz am Stiel herablaufend. Stiel blass grau; zylindrisch, mit keuliger und weißfilziger Basis; im oberen Bereich mit längsfaseriger Struktur; jung voll, später hohl. Fleisch weißlich bis cremefarben, verfärbt sich im Anschnitt oder auf Druck nicht; fest, dickfleischig; Geruch aufdringlich süßlich-mehlartig, Geschmack leicht säuerlich. Sporenpulver cremeweiß

VERWENDUNG bedingt essbar; nur abgekocht weiterverwerten, Kochwasser wegschütten; roh giftig; individuell unterschiedliche Verträglichkeit, wer einmal mit Verdauungsbeschwerden reagierte, muss den Pilz meiden

VERWECHSLUNGSGEFAHR mit jüngeren Exemplaren des stark giftigen Riesenrötlings (*Entoloma sinuatum*, siehe Seite 120), dieser aber mit rosafarbenem Sporenpulver und gelben bis lachsfarbenen, weit auseinander stehenden Lamellen; mit ähnlich gefärbten giftigen Trichterlingen, etwa dem Bleiweißen Trichterling (*Clitocybe phyllophila*, siehe Seite 124/125)

BEOBACHTUNGS-/SAMMELZEIT

J	F	M	A	M	J	J	A	S	O	N	D

Typisch

Die sehr dicht stehenden weißen Lamellen brechen schnell und lassen sich leicht vom Hutfleisch ablösen. Sie laufen kurz am Stiel herab.

Bleiweißer Trichterling †

Clitocybe phyllophila

Die Trichterlinge (Gattung Clitocybe*) zeigen im Idealfall die namengebende Trichterform des Hutes, die vor allem bei älteren Exemplaren oft zu sehen ist. Der Bleiweiße Trichterling enthält das Nervengift Muskarin. Es führt zu starken Schweißausbrüchen, Speichel- und Tränenfluss, Erbrechen und Durchfall. Auch Sehstörungen mit vorübergehender Erblindung sind möglich.*

VORKOMMEN Mitteleuropa, lokal häufig; wächst gesellig, auch in Hexenringen, in Laub- und Mischwäldern, auf Wiesen; Saprobiont in der Humusschicht

GRÖSSE Stiel 3–6 (–10) cm lang, 0,5–1 cm Durchmesser; Hutdurchmesser 5–8 (–12) cm

Der ähnliche, aber essbare Mehl-Räsling unterscheidet sich vor allem durch die rötlichen Lamellen und den Geruch nach Mehl.

MERKMALE Hut jung firnis- oder kreideartig weiß bereift, später glatt und hell gelblich, ohne fleischfarbene Zonierung, aber fleckig; jung gewölbt, dann flach und mit der Zeit in der Mitte leicht trichterförmig; Hutrand lange eingebogen, alt oft wellig verbogen. Lamellen jung weißlich, später blass cremefarben, aber nie rosa oder lachsfarben; am Stiel gerade angewachsen oder kurz herablaufend; dicht stehend. Stiel wie der Hut gefärbt; zylindrisch, mit oft keulig verdickter Basis, Basis dicht weißfilz bewachsen; glatt, elastisch, alt hohl. Fleisch weiß; elastisch, im Hut dünn; Geruch süß-säuerlich, Geschmack mild (bitte nicht probieren!). Sporenpulver weiß

VERWENDUNG sehr giftig; Genuss kann (selten) auch zum Tod führen

VERWECHSLUNGSGEFAHR mit dem essbaren Mehl-Räsling (*Clitopilus prunulus*), dieser riecht aber nach Mehl, nicht süß-säuerlich, und hat bei älteren Fruchtkörpern durch das rosa Sporenpulver rötlich überhauchte Lamellen

BEOBACHTUNGS-/SAMMELZEIT

J	F	M	A	M	J	J	A	S	O	N	D

Typisch

Die Hutoberseite erscheint, als ob sie mit einem Firnisanstrich versehen wurde. Darauf bezieht sich auch der weitere Name Bleiweißer Firnistrichterling.

Blauer Lackpilz

Laccaria amethystina

Der Pilz gehört zu den sogenannten hygrophanen Arten, das heißt, er verändert sein farbliches Aussehen je nach Feuchtigkeitszustand des Fruchtkörpers. Bei Trockenheit verliert er seine typische lila Farbe und ist weißlich grau. Er ähnelt dann dem giftigen Rettich-Helmling (siehe Foto rechts außen).

BEOBACHTUNGS-/SAMMELZEIT

J	F	M	A	M	J	J	A	S	O	N	D

Den Stiel kennzeichnet eine längsfaserige Oberfläche.

Der ähnliche, aber giftige Rettich-Helmling schmeckt nach Rettich.

VORKOMMEN in ganz Europa weit verbreitet, sehr häufig; meist gesellig in Laub- und Nadelwäldern, Gärten und Parks; Mykorrhizapilz in der Moosschicht bzw. Laub- oder Nadelstreu

GRÖSSE Stiel 3–8 cm lang, 0,5–1 cm Durchmesser; Hutdurchmesser 3–5 cm

MERKMALE Hut jung violett, bei Trockenheit weißlich grau; jung stark gewölbt, später ausgebreitet oder in der Mitte vertieft; Hutrand anfangs nach innen gebogen, bei älteren Exemplaren unregelmäßig gewellt; Hutoberseite trocken feinfilzig, feucht fast glatt. Lamellen intensiv violett; am Stiel angewachsen und etwas herablaufend; sehr weit stehend, zum Hutrand hin mit kürzeren Lamellen untermischt. Stiel etwa wie der Hut gefärbt, an der Basis violett filzig; schlank; oft etwas gebogen. Fleisch violett; zäh; Geruch und Geschmack unauffällig. Sporenpulver weiß

VERWENDUNG essbar; als Mischpilz geeignet; nur Hüte verwenden; behält die Farbe beim Kochen; nicht roh essen

VERWECHSLUNGSGEFAHR im ausgetrockneten Zustand mit dem giftigen Rettich-Helmling (*Mycena pura*); dieser schmeckt aber immer nach Rettich

Typisch

Die Art ist durch die violette Färbung kaum zu verwechseln. Die Lamellen behalten auch getrocknet ihre Farbe.

Roter Lackpilz

Laccaria laccata

Bis auf die Farbe ist der Rote Lackpilz dem Blauen Lackpilz (siehe Seite 126/127) sehr ähnlich. Die rötlich gefärbten Laccaria-*Arten lassen sich schwer bestimmen, da ihr Aussehen stark schwankt. Zudem sind sie hygrophan, intensivieren also ihre Farbe je nach Feuchtigkeitsgehalt. Roter und Blauer Lackpilz reichern in ihrem Gewebe radioaktives Cäsium an und sollten deshalb nicht zu oft gegessen werden.*

VORKOMMEN in Europa weit verbreitet, sowohl an der Küste, im Flachland als auch in höheren Lagen häufig; wächst meist gesellig in Nadelwäldern, seltener in Laubwäldern, an feuchten Stellen oder am grasigen Waldrand, auch in Parks; Mykorrhizapilz der Fichte und Rotbuche

GRÖSSE Stiel 3–8 cm lang, 0,3–0,6 cm Durchmesser; Hutdurchmesser 2–5 cm

Typisch

Die Lamellen sind durch das Sporenpulver oft weißlich bepudert. Da der Hut hygrophan ist (siehe Seite 126/127), ändert sich die Farbe bei Trockenheit beträchtlich.

MERKMALE Hut recht variabel gefärbt von hell fleischrot über lachsrosa bis lederbraun, bei Trockenheit blasser, bei älteren Exemplaren beigebraun bis cremeweiß; anfangs gewölbt, später flach ausgebreitet mit leicht trichterförmiger Mitte; Hutrand jung eingerollt, später wellig verbogen, im feuchten Zustand deutlich gerieft; Hutoberseite feucht glatt, trocken feinfilzig; dünnfleischig. Lamellen rosa bis fleischrot; am Stiel gerade angewachsen, seltener kurz herablaufend; weit auseinander stehend, zum Hutrand hin mit kürzeren Zwischenlamellen; dick. Stiel wie der Hut gefärbt oder etwas dunkler; schlank, mit häufig leicht verdickter und mit feinem Myzelfilz besetzter Basis, oft gedreht; Oberfläche schwach längsfaserig oder fein geschuppt. Fleisch rötlich, selten blasser; zäh, vor allem im Stiel; sehr dünn; Geruch unauffällig, Geschmack mild. Sporenpulver weiß

VERWENDUNG essbar; wenig ergiebig, deshalb am besten als Mischpilz verwenden; nicht roh essen

ÄHNLICHE ART Der etwas größere, ebenfalls essbare Braunrote Lacktrichterling (*Laccaria proxima*) hat gröbere Schuppen auf der Hutoberseite und kommt vor allem in Feuchtgebieten und Mooren vor.

BEOBACHTUNGS-/SAMMELZEIT

J	F	M	A	M	J	J	A	S	O	N	D

Brauner Rasling

Lyophyllum decastes

Wie der Braune Rasling wachsen viele Arten der Raslinge (Gattung Lyophyllum*) büschelig. Deshalb heißt der Braune Rasling auch Büscheliger Rasling oder Knäuel-Ritterling. Das Wort »Rasling« leitet sich von rasenbildend ab, das heißt, dass viele Fruchtkörper nebeneinander stehen.*

VORKOMMEN in Mitteleuropa verbreitet, häufig; lichte Laub- und Mischwälder, Wegränder, Gärten oder Parks; Saprobiont am Boden; auf lockeren, humosen Böden

GRÖSSE Stiel 5–12 cm lang, bis 1,5 cm Durchmesser; Hutdurchmesser 3–8 (–15) cm

Die geselligen Pilze sind büschelig miteinander verwachsen. Man hat den Eindruck, als ob das Büschel einer einzigen Stelle entspringt.

MERKMALE Hut sehr variabel gefärbt, braun, graubraun bis schwärzlich braun (Name!), manchmal auch heller gefleckt oder gestreift; gewölbt, später ausgebreitet, gelegentlich wellig verbogen, Hutmitte bei älteren Exemplaren oft leicht niedergedrückt (siehe Foto links); Hutrand anfangs eingerollt; Hutoberseite glatt, kahl, matt glänzend, feucht etwas schmierig; Huthaut abziehbar. Lamellen weißlich, rosaocker überhaucht, im Alter leicht gelblich; ausgebuchtet angewachsen, bei älteren Exemplaren bisweilen etwas herablaufend; eng stehend. Stiel jung weißlich bis hellbräunlich, später wie der Hut gefärbt; zylindrisch, gelegentlich mit keuliger Basis, verbogen; elastisch, längsfaserig, kahl. Fleisch weißlich; fest und vor allem im unteren Stielbereich knorpelig-zäh; Geruch unauffällig, Geschmack mild. Sporenpulver weißlich

VERWENDUNG essbar; wohlschmeckender, ergiebiger Speisepilz; nur Hüte verwenden, da die Stiele zäh sind; lässt sich auch einfrieren

VERWECHSLUNGSGEFAHR wegen der veränderlichen Färbung mit verschiedenen Ritterling-Arten (Gattung *Tricholoma*); mit älteren Exemplaren des ebenfalls büschelig wachsenden Weißen Raslings (*Lyophyllum connatum*), der dann etwas dunkler ist als im Jugendstadium; mit dem giftigen Riesenrötling (*Entoloma sinuatum*, siehe Seite 120/121), dessen Hut ist meist heller gefärbt, weist aber ebenfalls einen leichten Glanz auf, außerdem wächst der Riesenrötling nicht büschelig

Typisch

Der Braune Rasling wächst immer in Büscheln auf dem Boden, nie auf Holz.

BEOBACHTUNGS-/SAMMELZEIT

J	F	M	A	M	J	J	A	S	O	N	D

Mairitterling

Calocybe gambosa

Die Pilze der Gattung Calocybe *werden unter dem Namen Schönkopf-Ritterlinge zusammengefasst. Dies ist eine Übersetzung des wissenschaftlichen Namens. Gemeinsames Kennzeichen sind fleischige Hüte, der Geruch nach Mehl und meist ausgebuchtet bis breit angewachsene weiße bis cremefarbene Lamellen. Der Mairitterling erscheint bereits früh im Jahr (Name!).*

VORKOMMEN bei uns nicht selten, bei günstiger Witterung Massenpilz; wächst oft in Reihen oder Hexenringen in lichten Laub- und Mischwäldern, an Wald- und Wegrändern, auf Wiesen, in Gärten und Parks, gern auf grasigen und krautigen Flächen; Saprobiont am Boden; auf mineralreichen Böden

GRÖSSE Stiel 5–10 cm lang, 1–2 cm Durchmesser; Hutdurchmesser 5–10 (–12) cm

Der bei jungen Fruchtkörpern volle Stiel wird im Alter hohl. Ältere Fruchtkörper können auch einen gelblich-ocker gefärbten Hut haben.

MERKMALE Hut rein weiß bis elfenbeinfarben; jung halbkugelig, dann flach gewölbt, häufig unregelmäßig rund bis hufförmig und wellig verbogen (daher auch der Name Huf-Ritterling); Hutrand anfangs weit eingerollt; Hutoberseite trocken matt, feinfilzig. Lamellen jung weiß, später cremefarben; um den Stiel ausgebuchtet oder breit angewachsen, manchmal mit einem Zähnchen am Stiel herablaufend; eng stehend; unterschiedlich lang; schmal. Stiel weißlich; zylindrisch; mit etwas längsfaseriger Oberfläche; kompakt, voll. Fleisch weiß; dickfleischig und fest; Geruch und Geschmack stark nach Mehl. Sporenpulver weiß

VERWENDUNG essbar; für Mischgerichte geeignet, der Mehlgeschmack ist jedoch nicht jedermanns Sache; nur junge Exemplare nehmen, ältere können zu Verdauungsbeschwerden führen

VERWECHSLUNGSGEFAHR mit jungen Fruchtkörpern des stark giftigen Ziegelroten Risspilzes (*Inocybe erubescens*, siehe Seite 160/161), da diese dann ebenfalls noch einen sehr hellen Hut haben, der Risspilz wächst etwa zur selben Zeit, hat einen kegelförmigen Hut, der jedoch mit der Zeit rot anläuft, und rötende, nie weiße Lamellen

BEOBACHTUNGS-/SAMMELZEIT

J	F	M	A	M	J	J	A	S	O	N	D

Typisch

Die Kombination aus frühem Erscheinungstermin und ausgeprägtem Geruch nach Mehl machen junge Mairitterling unverkennbar.

Violetter Rötelritterling

Lepista nuda

Wegen seines kahlen Hutes heißt der Violette Rötelritterling auch Nackter Ritterling, eine Übersetzung des wissenschaftlichen Artnamens. Kennzeichen der Rötelritterlinge und Röteltrichterlinge (Gattung Lepista*) sind fleischige Fruchtkörper und oft leicht ablösbare, am Stiel ausgebuchtet angewachsene Lamellen, die bei älteren Fruchtkörpern auch am Stiel herablaufen können.*

VORKOMMEN in Europa verbreitet, häufig; wächst sehr gesellig in Reihen oder Hexenringen in Wäldern aller Art, häufig in Fichten- und Buchenwäldern, in Parks und Gärten; Saprobiont in der Nadel- und Laubstreu; auf humusreichen Böden

Der Violette Rötelritterling hat violettes Fleisch, das süßlich schmeckt und auch noch nach dem Garen seine violette Farbe behält.

GRÖSSE Stiel 5–12 cm lang, 2–3 cm Durchmesser; Hutdurchmesser 6–12 (–15) cm

MERKMALE Hut jung violett bis fliederfarben, später bräunlich violett, bei Trockenheit verblassend; jung gewölbt, bei älteren Exemplaren flach ausgebreitet, oft etwas verbogen, manchmal in der Mitte leicht vertieft; Hutrand lange eingerollt; Hutoberseite kahl und glatt, matt, bei feuchtem Wetter glänzend. Lamellen wie der Hut gefärbt; am Stiel ausgebuchtet angewachsen; ziemlich dicht stehend; unterschiedlich lang; sind leicht ablösbar. Stiel wie Hut gefärbt, weißlich-flockig überfasert; zylindrisch, manchmal mit keuliger, violett-filziger Basis; voll. Fleisch jung violett, bei älteren Fruchtkörpern ausblassend; weich, zart, bei feuchtem Wetter marmoriert; Geruch angenehm würzig, Geschmack süßlich aromatisch, wie parfümiert. Sporenpulver hell fleischrötlich

VERWENDUNG essbar; sehr ergiebiger Speisepilz für alle Zubereitungsarten, wer den süßlichen Geschmack mag; nur junge Pilze sammeln; ist roh genossen giftig, kann auch gegart bei empfindlichen Personen zu Magen-Darm-Beschwerden führen

VERWECHSLUNGSGEFAHR mit anderen lilafarbenen Blätterpilzen wie dem giftigen Lila Dickfuß (*Cortinarius traganus*, siehe Seite 168/169), dieser riecht jedoch abstoßend, hat safranfarbenes Fleisch, keine lila Lamellen und eine faserige Ringzone

Typisch

Die violetten Lamellen verfärben sich nicht braun. Auch das Myzel ist violett gefärbt.

BEOBACHTUNGS-/SAMMELZEIT

J	F	M	A	M	J	J	A	S	O	N	D

Tigerritterling †

Tricholoma pardalotum/tigrinum/pardinum

Kennzeichnend für die Ritterlinge (Gattung Tricholoma*) sind die stark ausgebuchtet angewachsenen Lamellen. Man spricht dann vom »Burggraben« um den Stiel (siehe Seite 20). Allen gemeinsam sind das weiße Sporenpulver sowie ihre Lebensweise als Mykorrhizapilze. Da es unter den grauhütigen Ritterlingen sowohl essbare wie auch stark giftige Arten gibt, die sich nur schlecht unterscheiden lassen, sollten ungeübte Sammler diese Pilze nicht verspeisen.*

VORKOMMEN in Mitteleuropa vor allem in Süddeutschland, Österreich und der Schweiz lokal häufig, fehlt in der Norddeutschen Tiefebene; wächst meist gesellig in Hexenringen in Laub- und Nadelwäldern, an Wald- und Wegrändern; Mykorrhizapilz der Rotbuche und Eiche, Fichte oder Tanne; auf Kalk

Das Fleisch des Gilbenden Erdritterlings färbt sich nach einiger Zeit auf Druck gelb.

GRÖSSE Stiel 4–10 (–15) cm lang, 3–5 cm Durchmesser; Hutdurchmesser 5–12 (–18) cm

MERKMALE Hut grau bis bräunlich grau, jung in der Mitte glatt, bei älteren Exemplaren dunkel faserig-geschuppt; anfangs halbkugelig, später gewölbt bis flach ausgebreitet, oft unregelmäßig gebogen, gelegentlich mit stumpfem Buckel; Hutrand jung eingerollt. Lamellen schmutzig weiß, später cremefarben; ausgebuchtet am Stiel angewachsen; relativ eng stehend; bauchig. Stiel schmutzig weiß, an der Basis hin und wieder rotbräunlich; zylindrisch, jung meist keulig, an der Spitze flockig punktiert; feinfaserig bis schuppig. Fleisch weißlich; fest, dick-fleischig; Geruch und Geschmack nach Mehl. Sporenpulver weiß

VERWENDUNG giftig; löst bereits kurze Zeit nach dem Verzehr auch kleiner Mengen sehr heftige Magen-Darm-Beschwerden mit starken Durchfällen, Koliken, Angstzuständen und starkem Durst aus, Beschwerden können mehrere Tage andauern; die Austrocknung kann zum Tod führen

VERWECHSLUNGSGEFAHR mit dem essbaren Gilbenden Erdritterling (*Tricholoma scalpturatum/argyraceum*, siehe Foto oben)

BEOBACHTUNGS-/SAMMELZEIT

J	F	M	A	M	J	J	A	S	O	N	D

Typisch

Bei jungen Pilzkörpern bilden sich an den Schneiden der Lamellen und an der Stielspitze wässrige Tröpfchen (»Tränen«).

Grünling ☠ (§)

(Tricholoma equestre/flavovirens/auratum)

Bis zum Jahr 2001 wurde der Grünling noch regelmäßig als Speisepilz auf Märkten angeboten. Mittlerweile wird vor dieser Pilzart gewarnt, denn in Frankreich und Polen sind nach dem Verzehr Fälle von Skelettmuskelzersetzung mit Todesfolge durch Nierenversagen und Herzstillstand aufgetreten.

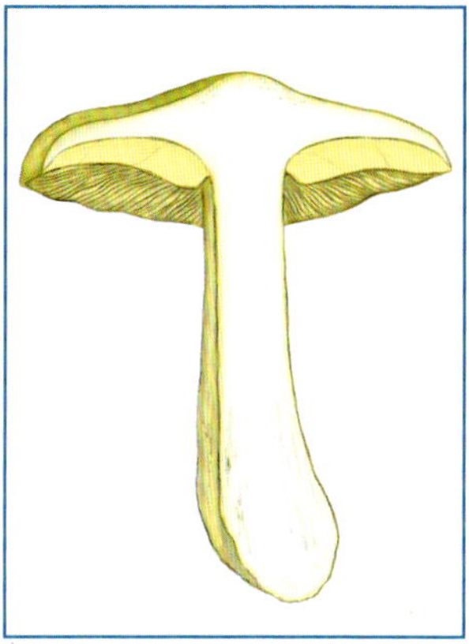

Das Fleisch ist weiß. Nur unter der Huthaut und unter der Stieloberfläche ist es gelb.

VORKOMMEN weit verbreitet, selten, regional aber häufig; Nadel- und Laubwälder; Mykorrhizapilz vor allem der Kiefer, seltener von Fichte und Rotbuche; auf Sand

GRÖSSE Stiel 6–10 cm lang, 1–2,5 cm Durchmesser; Hutdurchmesser 6–12 cm

MERKMALE Hut gelb, grüngelb bis schwefelgelb, am Rand heller; jung halbkugelig, mit eingebogenem Rand, bald gewölbt, Scheitel schwach gebuckelt, ältere Fruchtkörper flach ausgebreitet; Hutoberseite mit feinen, grünlich braunen Schüppchen, glänzend. Lamellen schwefelgelb; am Stiel tief ausgebuchtet angewachsen (»Burggraben«); dünn. Stiel blass grüngelb, nach unten bräunlicher; zylindrisch, mit leicht keuliger Basis; voll, glatt bis faserig. Fleisch weiß, unter der Huthaut gelblich; am Buckel ziemlich fleischig; Geruch und Geschmack nach Mehl (bitte nicht probieren!). Sporenpulver weiß

VERWENDUNG giftig; kann nach mehrmaligem Genuss zum Tod führen, deshalb ist vom Verzehr abzuraten (siehe oben)

BEOBACHTUNGS-/SAMMELZEIT

J	F	M	A	M	J	J	A	S	O	N	D

Typisch

Der Grünling steckt mit seinem Stiel oft tief im Boden. Kennzeichen sind die lebhaft gelb gefärbten, dicht stehenden Lamellen und der Geruch nach Mehl.

Rötlicher Holzritterling (🍴)

Tricholomopsis rutilans

Die Holzritterlinge (Gattung Tricholomopsis*) wachsen als Fäulnisbewohner (Saprobionten) an Holz, meist Nadelholz. Kennzeichen der Gattung sind die stark flockigen Lamellenschneiden. Beim Rötlichen Holzritterling können junge Fruchtkörper mit noch rotem Hut und alte Fruchtkörper mit aufgerissener und dadurch rötlich und gelblich gefleckt erscheinender Hutoberseite sehr unterschiedlich aussehen.*

VORKOMMEN in Mitteleuropa weit verbreitet, häufig; einzeln oder büschelig an totem Nadelholz, auch an im Boden vergrabenem Holz oder auf Holzhäckseln, ganz selten an totem Laubholz; Saprobiont an Nadelhölzern

Auf dem gelblich weißen Stiel befinden sich kleine purpurfarbene Flöckchen, das obere Stielende ist unbeflockt.

GRÖSSE Stiel 4–12 cm lang, 1,5–2,5 cm Durchmesser; Hutdurchmesser 6–8 (–15) cm

MERKMALE Hut oberseits dunkelrot, das heißt auf gelbem Grund dicht mit feinfilzigen, angedrückten, purpurroten Schüppchen bedeckt, die zur Mitte hin dichter werden (daher der weitere Name Purpurfilziger Holzritterling), Zentrum erscheint einheitlich dunkelrot, bei älteren Fruchtkörpern reißt die Huthaut feinschuppig auf, dort ist das gelbe Hutfleisch zu sehen; jung halbkugelig bis kegelförmig, später abgeflacht, meist im Zentrum stumpf gebuckelt; Hutrand eingebogen, oft schwach gerippt, hell gesäumt. Lamellen kräftig zitronengelb; um den Stiel ausgebuchtet angewachsen; dicht stehend; unterschiedlich lang; Schneiden auffallend flockig, jung manchmal mit wässrigen Tropfen. Stiel gelblich weiß, rot beflockt; zylindrisch, mit keulig verdickter Basis, in Büscheln oft gebogen, häufig seitlich von der Mitte stehend; jung voll, später hohl. Fleisch gelb; im Hut dick; saftig, bei älteren Exemplaren wässrig-schwammig; Geruch und Geschmack dumpf muffig. Sporenpulver weiß

VERWENDUNG bedingt essbar; wird von vielen wegen des unangenehm muffigen Geruchs und Geschmacks abgelehnt

ÄHNLICHE ART Der ungenießbare Olivgelbe Holzritterling (*Tricholomopsis decora*) wächst ebenfalls an totem Nadelholz, jedoch eher in Nadelwäldern im Gebirge; er weist aber nie rötliche Töne auf.

BEOBACHTUNGS-/SAMMELZEIT

J	F	M	A	M	J	J	A	S	O	N	D

Typisch

Die Art ist durch die Kombination aus purpurrotem Hut, gelben Lamellen und gelbem Fleisch sowie durch den Wuchsort auf Nadelholz unverwechselbar. Bei älteren Fruchtkörpern können die Schüppchen ausgewaschen sein, dadurch erscheint der Hut gelblich.

Echter Knoblauchschwindling

Mycetinis/Marasmius scorodonius

»Schwindlinge« sind Pilze, die bei Wassermangel trocken werden und schwinden (= schrumpfen). Nach erneutem Regen, entfalten sie ihre Fruchtkörper wieder. In Europa zählen etwa 30 Arten zu dieser Gruppe, einige davon riechen intensiv nach Knoblauch. Der Echte Knoblauch- oder Küchenschwindling ist deshalb in Frankreich sehr begehrt. Dort heißt er Mousseron.

VORKOMMEN bei uns nicht selten, aber Häufigkeit wechselt von Jahr zu Jahr; wächst sehr gesellig bis rasig vor allem in Nadelwäldern, auch in Parkanlagen mit Nadelbäumen; Saprobiont auf Nadelstreu, Zapfen oder Holz; auf Sand

Der ungenießbare Langstielige Knoblauchschwindling kommt vor allem in Laubwäldern vor.

GRÖSSE Stiel 3–6 cm lang, Durchmesser 1–3 mm; Hutdurchmesser 1–3 cm

MERKMALE Hut feucht blass ockerbraun, in der Hutmitte dunkler, trocken ausblassend, dann hell fleisch- bis lederfarben (*hygrophan,* siehe Seite 18); jung halbkugelig gewölbt, im Alter flach ausgebreitet und in der Mitte mit Buckel; Hutoberseite höckerig-runzelig; Hutrand oft unregelmäßig gewellt oder gerieft. Lamellen weißlich; weit; sehr breit, relativ dünn; durch Queradern miteinander verbunden. Stiel rotbraun, meist dunkler als der Hut, nach unten fast schwarz; dünn; glatt, glänzend, kahl. Fleisch weiß; dünnfleischig, zäh; Geruch und Geschmack deutlich nach Knoblauch. Sporenpulver weiß

VERWENDUNG essbar; guter Würzpilz; dient als Knoblauchersatz, weil er auch nach dem Kochen, Trocknen oder Pulverisieren sein Knoblaucharoma behält

VERWECHSLUNGSGEFAHR mit dem ungenießbaren Großen Knoblauchschwindling (*Marasmius querceus/prasiosmus*), dieser schmeckt brennend scharf und wächst im Herbst auf Falllaub unter Laubbäumen; mit dem ebenfalls ungenießbaren Langstieligen Knoblauchschwindling (*Marasmius alliaceus*), dieser wächst aber auf Laubholzästen oder Laubstreu, sein Hut ist heller, die Lamellen sind schmutzig weiß und dünn, der Stiel ist insgesamt dunkler als der des Echten Knoblauchschwindlings

Typisch

Der zarte Hut ist im Zentrum meist deutlich dunkler gefärbt, da er vom Rand her ausblasst.

BEOBACHTUNGS-/SAMMELZEIT

J	F	M	A	M	J	J	A	S	O	N	D

Nelkenschwindling

Marasmius oreades

Der Nelkenschwindling ist ein typischer Hexenring-Pilz in Wiesen, auch in Gärten und Parks. Diese Kreise können riesige Ausmaße von mehreren 100 m Durchmesser annehmen. Aus diesem Grund heißt der Nelkenschwindling auch Kreisling.

VORKOMMEN bei uns weit verbreitet, häufig; wächst in Hexenringen und Linien auf Rasenflächen, auch Zierrasen, Wiesen, Weiden, Trockenrasen, an grasigen Weg- und Waldrändern, in Parks und an Waldrändern; Saprobiont auf Gras; auf allen Böden

GRÖSSE Stiel 3–7 (–10) cm lang, 0,3–0,5 cm Durchmesser; Hutdurchmesser 1,5–5 cm

Die dicklichen Lamellen sind unterschiedlich lang. Da die Art gern auf Weiden und Wiesen wächst, heißt sie auch Feldschwindling.

MERKMALE Hut feucht hell orangeocker bis lederbräunlich und fettig glänzend, trocken heller, cremeorange (*hygrophan*, siehe Seite 18); jung glockenförmig, dann flach ausgebreitet, nach dem Aufschirmen oft mit stumpfem Buckel; Hutoberseite kahl, matt; Hutrand feucht gekerbt, wellig verbogen. Lamellen cremefarben bis cremeorange; am Stiel ausgebuchtet angewachsen; weit stehend; breit. Stiel heller als der Hut, beige bis orangeocker, zur Basis hin dunkler; zylindrisch, mit weißfilziger Basis, schlank; zäh, elastisch; oberseits glatt bis feinfilzig; jung voll, später wattig ausgestopft bis hohl. Fleisch cremebeige; dünnfleischig; Geruch angenehm-würzig nach frischem Holz, Geschmack mild, pilzartig. Sporenpulver weiß

VERWENDUNG essbar; guter Speisepilz, vor allem für Suppen; nur Hüte verwenden, aus den getrockneten Stielen lässt sich ein aromatisches Würzpulver herstellen

VERWECHSLUNGSGEFAHR bei früh im Jahr erscheinenden Fruchtkörpern mit dem giftigen Ziegelroten Risspilz (*Inocybe erubescens*, siehe Seite 160/161); mit dem giftigen Rinnigbereiften Trichterling (*Clitocybe rivulosa/dealbata*), der auf den gleichen Standorten wächst; mit dem Brennenden Rübling (*Collybia peronata*), der jedoch im Wald wächst

BEOBACHTUNGS-/SAMMELZEIT

J	F	M	A	M	J	J	A	S	O	N	D

Typisch

Der Nelkenschwindling wächst immer gesellig. Oft sind mehrere Pilze am Stiel miteinander verwachsen.

Samtfußrübling

Flammulina velutipes

Der Samtfußrübling ist einer der wenigen essbaren Pilze, die auch im Winter wachsen. Er verfügt über Frostschutzmechanismen, die verhindern, dass sich Eiskristalle im Zellinneren bilden. Inhaltsstoffe des Pilzes sollen angeblich das Immunsystem stärken und einen positiven Einfluss auf die postoperative Behandlung von Krebspatienten haben.

VORKOMMEN in ganz Mitteleuropa verbreitet, häufig; wächst gesellig bis büschelig an totem und lebendem Holz von Laubbäumen, wie Strünken, Stämmen, seltener an abgefallenen Ästen; Saprobiont immer an Holz, vor allem Rotbuchen, Weiden oder Pappeln, seltener auch Parasit

GRÖSSE Stiel 2–8 cm lang, 0,3–1,5 cm Durchmesser; Hutdurchmesser 2–5 (–8) cm

MERKMALE Hut gelb, gelbbräunlich bis rotbraun, am Rand meist viel heller; halbkugelig, später flach ausgebreitet, alt oft etwas verbogen; Hutrand jung eingebogen, glatt oder fein durchscheinend gerieft; Hutoberseite glatt, feucht schmierig glänzend, kahl; Huthaut gallertartig. Lamellen weißlich bis gelblich, bei älteren Fruchtkörpern etwas nachdunkelnd; etwas entfernt stehend; am Stiel gerade oder nur wenig ausgebuchtet angewachsen; unterschiedlich lang. Stiel anfangs hell bräunlich, allmählich schwarzbraun werdend; samtig behaart, besonders im unteren Teil; zylindrisch, häufig abgeplattet, in den Büscheln nach oben gebogen; anfangs voll, später hohl; zäh. Fleisch

Die weißlich-gelblichen Lamellen kontrastieren mit den im unteren Bereich dunklen Stielen.

hell gelblich; zart, dünn, alt zäh; Geruch und Geschmack unauffällig. Sporenpulver weiß

VERWENDUNG essbar; geschätzter Speisepilz für die verschiedensten Zubereitungsarten; die zähen Stiele nicht verwenden; kann auch im Garten auf Laubholz gezüchtet werden

VERWECHSLUNGSGEFAHR mit ebenfalls in den Wintermonaten wachsenden Arten, etwa mit dem giftigen Grünblättrigen Schwefelkopf (*Hypholoma fasciculare*, siehe Seite 158/159), dieser hat aber grüngelbe, dicht stehende Lamellen und schmeckt bitter; mit dem Gifthäubling (*Galerina marginata*, siehe Seite 104/105), dieser aber ohne samtigen Stiel und mit weiß-lichen Lamellen, die im Alter rostbraun werden

BEOBACHTUNGS-/SAMMELZEIT

J	F	M	A	M	J	J	A	S	O	N	D

Typisch

Die Fruchtkörper erscheinen, wenn im Winter auf kalte Phasen mildere frostfreie Tage mit Tauwetter folgen. Bei feuchtem Wetter ist die Hutoberseite auffällig schmierig-schleimig.

Rehbrauner Dachpilz

Pluteus cervinus

Beim Rehbraunen Dachpilz lassen sich vor allem die älteren Fruchtkörper an ihrer dachartigen Hutform erkennen. Weitere Kennzeichen der Art sind freie, nicht am Stiel angewachsene Lamellen und der nicht fest mit dem Hut verwachsene Stiel.

VORKOMMEN kommt nahezu überall vor, häufig; wächst einzeln oder zu wenigen an abgestorbenen Laub- und (seltener) Nadelbäumen; Saprobiont auf Holz, bevorzugt von Rotbuchen, auch auf Holzhäckseln, Sägespänen, auf unterirdisch liegendem Holz, wirkt dann scheinbar bodenbewohnend

GRÖSSE Stiel 5–12 cm lang, 0,8–1,8 cm Durchmesser; Hutdurchmesser 4–10 (–15) cm

Der Graue Dachpilz wächst an ähnlichen Standorten wie der Rehbraune Dachpilz.

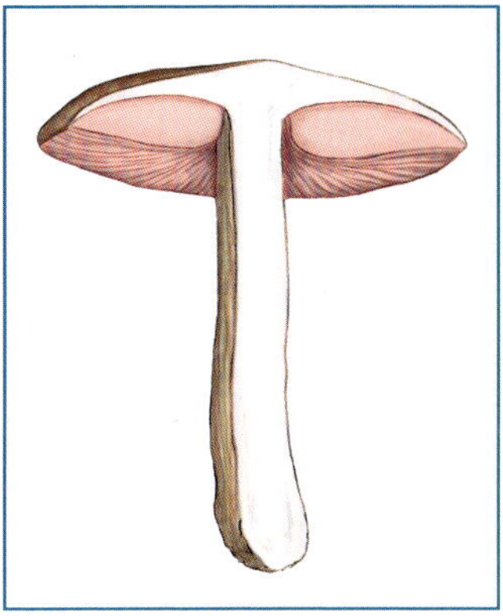

Die Lamellen älterer Fruchtkörper färben sich durch die rosa Sporen erst rosa, dann kräftig fleischrot.

MERKMALE Hut hell bis dunkel graubraun, oft mit schwarzbraunem, feinschuppigem Zentrum; jung halbkugelig bis glockenförmig, später flach gewölbt bis ausgebreitet, oft im Zentrum stumpf gebuckelt; Hutoberseite matt, feucht seidig glänzend, etwas klebrig; Huthaut lässt sich abziehen. Lamellen jung weiß, später hellrosa; eng stehend; frei; unterschiedlich lang; bauchig. Stiel weiß bis hellgrau, bräunlich längsfaserig; zylindrisch, mit leicht verdickter Basis; vollfleischig. Fleisch weiß; weich, dünn, brüchig, im Stiel auch etwas zäh; Geruch und Geschmack nach Rettich, Geschmack gelegentlich auch leicht bitter. Sporenpulver rosa

VERWENDUNG bedingt essbar; nur für Mischgerichte geeignet, der Rettichgeschmack ist nicht jedermanns Sache; nicht roh essen

VERWECHSLUNGSGEFAHR mit dem giftigen, Rauschzustände verursachenden Grauen Dachpilz (*Pluteus salicinus*, siehe Foto oben links), der ebenfalls nach Rettich riecht, aber einen graueren Hut hat

BEOBACHTUNGS-/SAMMELZEIT

J	F	M	A	M	J	J	A	S	O	N	D

Typisch

Der Hut junger Fruchtkörper ist oft runzelig. Die Lamellen sind nicht am Stiel angewachsen, sondern frei. Der Stiel ist bräunlich längsgefasert.

Rotbrauner Scheidenstreifling

Amanita fulva

Typisch

Der stark kammartig geriefte Hutrand ist bereits bei den knollenförmigen Jungpilzen erkennbar. Darauf bezieht sich »Streifling« im deutschen Namen.

BEOBACHTUNGS-/SAMMELZEIT

J F M A M J J A S O N D

Der Rotbraune oder auch Fuchsige Scheidenstreifling verdankt seinen Namen der Farbe des Hutes. Innerhalb der Gattung Amanita, *zu der auch die äußerst giftigen Knollenblätterpilze gehören, bilden die Scheidenstreiflinge wegen des fehlenden Rings eine eigene Untergattung. Wie alle Vertreter der Gattung* Amanita *haben sie eine im Boden versteckte Scheide, ein Rest der Gesamthülle des jungen Pilzes.*

VORKOMMEN in Europa weit verbreitet, häufig; an feuchten Stellen in Laub- und Nadelwäldern, auch in Feuchtgebieten und Mooren; Mykorrhizapilz besonders der Birken; auf nährstoffarmen und sauren Böden

GRÖSSE Stiel 8–12 cm lang, 0,5–1,5 cm Durchmesser; Hutdurchmesser 4–8 (–10) cm

MERKMALE Hut bräunlich bis fuchsbräunlich, am Rand heller, bei älteren Fruchtkörpern ausblassend; jung eiförmig bis halbkugelig und völlig von einer hellen Hülle umschlossen, bei älteren Exemplaren flach ausgebreitet, Mitte schwach gebuckelt; Hutoberseite glatt, matt glänzend, fühlt sich fettig an; Hut dünnfleischig; Huthaut lässt sich abziehen. Lamellen weißlich, bräunlich überhaucht; frei; mäßig dicht stehend; bauchig; unterschiedlich lang; dünn; Schneiden fein gekerbt. Stiel weiß oder etwas heller als Hut, meist ungenattert; zylindrisch, mit knolliger Basis, schlank, nach oben verjüngt; relativ lang im Vergleich zur Hutgröße; glatt oder mit gleichfarbigen Flöckchen bedeckt; jung voll, später hohl; Basis stets in weißlicher, außen orangebraun gefleckter, häutiger Scheide. Fleisch weiß; brüchig, zart, dünn; Geruch und Geschmack unauffällig. Sporenpulver weiß

VERWENDUNG bedingt essbar; wenig ergiebig, geschmacklos, daher höchstens für Mischgerichte geeignet; roh oder zu kurz gegart giftig, führt zu heftigen Magen-Darm-Beschwerden mit Kreislaufkollaps

VERWECHSLUNGSGEFAHR junge Exemplare mit den äußerst giftigen Knollenblätterpilzen, etwa dem Grünen Knollenblätterpilz (*Amanita phalloides*, siehe Seite 80/81)

ÄHNLICHE ART Der essbare Orangegelbe Scheidenstreifling (*Amanita crocea*) wächst an Eichen und hat einen deutlich bräunlich orange genatterten Stiel sowie eine innen und außen weiße Scheide.

Hochthronender Schüppling (🍴)

Pholiota limonella

Alle Schüpplinge (Gattung Pholiota*) tragen als auffälligstes Merkmal Schuppen auf dem Hut. Diese können angedrückt oder sparrig, bei manchen Arten sogar von Schleim überzogen sein. Der Hochthronende Schüppling ist benannt nach seinem Wuchsort hoch oben in den Kronen von Bäumen.*

VORKOMMEN in Europa verbreitet; wächst einzeln bis büschelig vorzugsweise an Birken und Erlen; Saprobiont an toten und absterbenden Bäumen, Parasit an lebenden Bäumen von der Basis bis hoch in den Kronenbereich

Unterhalb des Hutes fällt am Stiel ein gürtelartiger, dunkel geflockter Bereich auf. Bei büscheligem Wachstum sind die Stiele nach oben gebogen.

GRÖSSE Stiel 5–10 (–14) cm lang, 0,5–2,0 cm Durchmesser; Hutdurchmesser 4–10 (–13) cm

MERKMALE Hut gelb bis gelborange, mit anliegenden bräunlichen bis rotbräunlichen Schuppen bedeckt; jung halbkugelig bis glockig, im Alter fast flach ausgebreitet, gelegentlich wellig verbogen; Hutoberseite klebrig bis schleimig. Lamellen jung weißlich gelb, später rostbraun; am Stiel angewachsen; anfangs von weißlichem Velum partiale bedeckt. Stiel weißlich gelb bis gelblich, unterhalb der schwach ausgeprägten Ringzone rötlich-bräunlich bis gelblich-bräunlich geschuppt; zylindrisch, gelegentlich mit hellfilziger Basis; trocken, zur Basis hin leicht klebrig; voll. Fleisch hellgelb; fest, faserig, zäh; Geruch und Geschmack unauffällig. Sporenpulver rostbraun

VERWENDUNG bedingt essbar; kein Speisepilz, höchstens für Mischgerichte geeignet

ÄHNLICHE ART Der ebenfalls nur bedingt essbare Goldfell-Schüppling (*Pholiota cerifera/aurivella*) ist im Aussehen ähnlich und wächst ebenfalls hoch oben in Baumkronen, allerdings besiedelt er auch andere Laubbaumarten.

BEOBACHTUNGS-/SAMMELZEIT

J	F	M	A	M	J	J	A	S	O	N	D

Typisch

Die dunkel rotbraunen Schüppchen auf der schleimigen Hutoberseite wirken wie angeklebt. Sie verlieren sich im Lauf der Reife.

Sparriger Schüppling (🍴)

Pholiota squarrosa

Der Sparrige Schüppling trägt, wie der Name sagt, abstehende Schuppen an Hut und Stiel. Bei jungen Pilzen ist zwischen Stiel und Hutrand ein faseriger Schleier gespannt. Der Hutrand ist lange eingebogen. Gerne wächst er am Fuß von Obstbäumen, häufig von Apfelbäumen, die durch den Befall nach einiger Zeit absterben.

VORKOMMEN in Mitteleuropa weit verbreitet, häufig; wächst büschelig an Stümpfen, am Fuß oder im Wurzelbereich von lebenden Laub- und Nadelbäumen, auch an Obstbäumen; Parasit

GRÖSSE Stiel 7–15 cm lang, 0,5–2 cm Durchmesser; Hutdurchmesser 4–10 (–12) cm

Der ganze Pilz ist dicht mit abstehenden Schuppen besetzt. Das Fleisch ist gelb, der Stiel älterer Fruchtkörper hohl.

MERKMALE Hut gelbbraun oder strohgelb, dicht fuchsbraun abstehend geschuppt; jung halbkugelig bis glockig, später flach gewölbt bis ausgebreitet; Hutoberseite stets trocken; Hutrand lange eingebogen, dann fransig behangen (siehe oben). Lamellen jung blass gelb, später durch die Sporen rostbraun; jung um den Stiel ausgebuchtet, später auch etwas herablaufend; eng stehend; schmal. Stiel im oberen Bereich gelb und kahl, abwärts rotbräunlich und sparrig geschuppt; zylindrisch, häufig verbogen, mit oft verjüngter Basis; undeutliche, schuppige Ringzone, ist später rostbraun gefärbt; voll. Fleisch gelblich; dick, hart, zäh; Geruch nach morschem Holz, Geschmack aufdringlich bitter. Sporenpulver rostbraun

VERWENDUNG bedingt essbar; vor allem ältere Fruchtkörper sind recht bitter; müssen vor der Zubereitung erst überbrüht werden (Brühwasser wegschütten!), sollen dann wohlschmeckend sein; führt roh verzehrt zu Verdauungsstörungen

ÄHNLICHE ART Der Hallimasch (*Armillaria ostoyae*, siehe Seite 106/107) hat nie einen sparriggeschuppten Stiel, jedoch einen Ring; der Hut des ebenfalls nur bedingt genießbaren Goldfell-Schüpplings (*Pholiota cerifera/aurivella*) ist schleimig.

BEOBACHTUNGS-/SAMMELZEIT

J	F	M	A	M	J	J	A	S	O	N	D

Typisch

Die Schuppen an Hut und Stiel sind fest angewachsen und stehen grob ab, am Ende sind sie umgerollt. Die Hutoberseite ist auch bei feuchter Witterung trocken.

Rauchblättriger Schwefelkopf

Hypholoma capnoides

Den Schwefelköpfen (Gattung Hypholoma*) gab man diesen Namen, da junge Fruchtkörper Zündhölzchen ähneln. Der Rauchblättrige oder Graublättrige Schwefelkopf ist die einzige essbare Art dieser Gattung. Man kann den Pilz vom Frühjahr bis in den Herbst, sogar in milden Wintern finden. Leider sind die Fruchtkörper in betroffenen Regionen immer noch stark mit radioaktivem Cäsium belastet.*

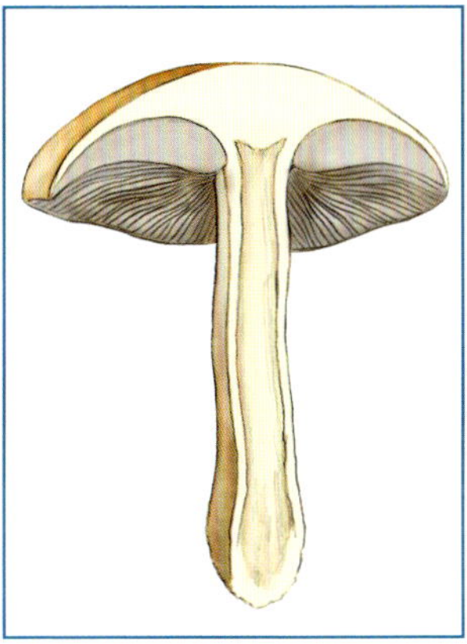

Das Fleisch von Hut und Stiel ist blassgelb; der Stiel älterer Fruchtkörper ist hohl.

VORKOMMEN in Europa weit verbreitet, häufig; wächst büschelig an Strünken, Wurzeln und vergrabenem Holz von Nadelbäumen; Saprobiont vor allem der Fichte und Kiefer

GRÖSSE Stiel 5–8 cm lang, 0,5–1,5 cm Durchmesser; Hutdurchmesser 3–6 (–8) cm

MERKMALE Hut blassgelb, bald ockergelb, dunklere Mitte bräunlich; anfangs gewölbt, dann abgeflacht, manchmal mit leichtem Buckel; Hutoberseite trocken glatt und nahezu kahl, höchstens am Rand dünne Velumreste; Hutrand ungerieft. Lamellen erst weißlich, dann rauchgrau (Name!), alt grauviolett; am Stiel etwas ausgebuchtet; eng stehend; unterschiedlich lang. Stiel im oberen Bereich weißlich gelb, nach unten gelbbräunlich bis gelblich rostbraun; zylindrisch, schlank, oft gebogen, können an der Basis büschelig verwachsen sein; im unteren Bereich leicht faserig, alt kahl; Velumreste können bei jungen Fruchtkörpern eine Ringzone andeuten. Fleisch blassgelb; dünn, weich; Geruch unbedeutend, Geschmack mild, nie bitter. Sporenpulver dunkel violettbraun

VERWENDUNG essbar; wohlschmeckender Speisepilz für alle Zubereitungsarten; Stiele nicht verwenden, sie sind sehr zäh

Typisch

Die Lamellen sind rauchgrau (Name!) und weisen nie grüne Farbtöne auf – ein wichtiges Abgrenzungsmerkmal zum giftigen Grünblättrigen Schwefelkopf.

VERWECHSLUNGSGEFAHR mit dem giftigen Grünblättrigen Schwefelkopf (*Hypholoma fasciculare*, siehe Seite 158/159), dieser schmeckt aber sehr bitter und hat grüngelbliche Lamellen

BEOBACHTUNGS-/SAMMELZEIT

J	F	M	A	M	J	J	A	S	O	N	D

Grünblättriger Schwefelkopf †

Hypholoma fasciculare

Kennzeichen der Schwefelköpfe (Gattung Hypholoma*) sind der faserig-häutige Schleier zwischen Hutrand und Stiel junger Pilze sowie das büschelige Wachstum. Der Grünblättrige Schwefelkopf gedeiht auch bei Frost und kann in milden Wintern ganzjährig gefunden werden. Die Fruchtkörper sind dann aber steril und haben auch im Alter noch hellgelbe Lamellen.*

VORKOMMEN in Europa weit verbreitet, sehr häufig; wächst an toten Nadel- und Laubbäumen, auch auf vergrabenem Holz; Saprobiont vor allem der Rotbuche, Fichte und Kiefer; Weißfäuleerreger

GRÖSSE Stiel 4–10 cm lang, 0,3–0,8 cm Durchmesser; Hutdurchmesser bis 2–6 (–8) cm

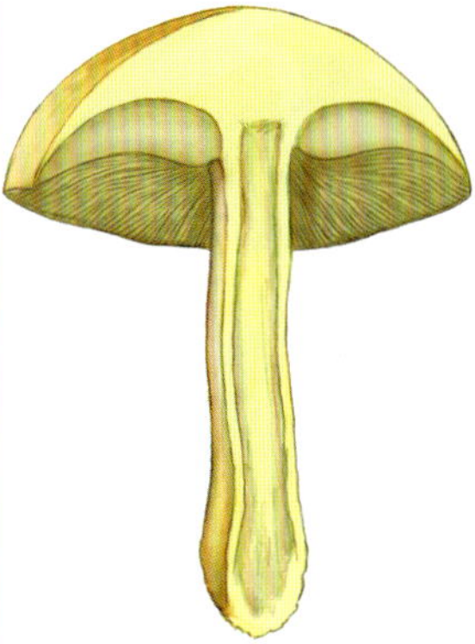

Die stets grünlichen Lamellen sind am Stiel ausgebuchtet angewachsen. Der Stiel älterer Fruchtkörper ist hohl.

MERKMALE Hut schwefelgelb bis grüngelb, Hutmitte oft orangegelb; halbkugelig, später abgeflacht mit gebuckelter Mitte; Hutoberseite trocken, kahl, glatt; Hutrand hin und wieder mit hellen Velumresten flockig behangen, glatt und ungerieft. Lamellen grüngelblich, älter graugrün bis dunkel olivbraun; am Stiel leicht ausgebuchtet; relativ eng stehend. Stiel grünlich gelb, Basis bräunlich; zylindrisch, schlank; fein längs überfasert; hohl; Reste des Velums bilden gelbliche, faserige, angedeutete Ringzone, Bereich wird durch dunkles Sporenpulver später dunkler. Fleisch hellgelb; dünn; Geruch unangenehm streng und dumpf, Geschmack sehr bitter (bitte nicht probieren!). Sporenpulver dunkel violettbraun

VERWENDUNG giftig; verursacht schon etwa 20 Minuten nach dem Essen schwere Magen-Darm-Beschwerden mit Erbrechen und Durchfall, jedoch keine Dauerschäden

VERWECHSLUNGSGEFAHR mit dem essbaren, an ähnlichen Standorten vorkommenden Rauchblättrigen Schwefelkopf (*Hypholoma capnoides*, siehe Seite 156/157), dieser hat aber nie einen grünen Farbton in den Lamellen

Typisch

Bei dieser Art überwiegen die grüngelben Farbtöne (Name!). Die Fruchtkörper bilden häufig großflächige Büschel, dann sind die Stiele deutlich verbogen.

BEOBACHTUNGS-/SAMMELZEIT

J	F	M	A	M	J	J	A	S	O	N	D

Ziegelroter Risspilz ☠

Inocybe erubescens

Zu den Risspilzen (Gattung Inocybe*) gehören mehr als 150 Arten kleiner bis mittelgroßer Pilze. Der Name kommt von den radialen Einrissen der Hutränder während des Aufschirmens. Weitere Kennzeichen der Gattung sind kegelförmige Hüte und eine oft feinfilzige Hutoberseite. Die meisten Risspilze sind giftig oder ungenießbar. Der Ziegelrote Risspilz ist besonders giftig.*

VORKOMMEN in ganz Europa verbreitet, nicht häufig, aber lokal oder in manchen Jahren in großen Mengen; Laub- und Mischwälder, Parkanlagen, Gärten, Waldwege, Gebüsch; Mykorrhizapilz von Linden, Rotbuchen oder Eichen; gern auf Kalk

GRÖSSE Stiel 4–8 cm lang, 0,6–1,5 cm Durchmesser; Hutdurchmesser 6–9 cm

BEOBACHTUNGS-/SAMMELZEIT

J	F	M	A	M	J	J	A	S	O	N	D

Im Alter verfärbt sich der ganze Fruchtkörper ziegelrot. Die Lamellenschneiden sind feinflockig.

Junge Fruchtkörper weisen noch kaum Rottöne auf. Der Hut ist meist stumpf gebuckelt.

MERKMALE Hut jung weißlich bis strohfarben, später ziegelrot verfärbend (Name!); jung kegelförmig, später glockig ausgebreitet, oft wellig verbogen, meist mit deutlichem stumpfem Buckel; Hutoberseite strahlenförmig gefasert, bei Trockenheit auch geschuppt, bei älteren Fruchtkörpern vom Rand her einreißend, glatt bis feinfilzig. Lamellen erst weißlich, olivgrau, rötlich fleckend, bei alten Pilzen wie der Hut ziegelrot; am Stiel ausgebuchtet, schmal angeheftet; eng stehend; unterschiedlich lang; mit feinflockigen Schneiden. Stiel jung weißlich bis strohfarben, im Alter rötend; zylindrisch, gelegentlich knollig verdickt, an der Basis mit kantigem Rand; voll; fein längsfaserig. Fleisch weiß, an Verletzungen rötend; fest; faserig; Geruch obstartig süßlich, alt unangenehm, spermatisch, Geschmack mild, alt widerlich (auf keinen Fall probieren!). Sporenpulver braun

VERWENDUNG sehr giftig; enthält 20-mal mehr Muskarin als die gleiche Menge des Fliegenpilzes, kann zum Tod durch Kreislaufversagen führen

VERWECHSLUNGSGEFAHR mit dem essbaren, zur gleichen Zeit fruchtenden Mairitterling (*Calocybe gambosa*, **siehe Seite 132/133**); er hat aber weißes Sporenpulver

Typisch

Der Hut des Ziegelroten Risspilzes zeigt eine strahlenförmige Struktur und ist vom Rand her mehr oder weniger tief eingerissen.

Spitzgebuckelter Raukopf ☠

Cortinarius rubellus/speciosissimus

Der Gattungsname Cortinarius *leitet sich von dem spinnwebartigen Schleier (Cortina) ab, der bei den jungen Fruchtkörpern vom Hutrand bis zum Stiel reicht. Beim Aufschirmen reißt der Schleier und bildet auf dem Stiel eine meist undeutliche faserige Zone (Cortinazone).*

VORKOMMEN in Mitteleuropa in höheren Lagen verbreitet, lokal häufig; einzeln oder gesellig in feuchten Nadelwäldern, gern zwischen Torfmoosen, in der Nadelstreu; Mykorrhizapilz der Fichte, auch anderer Nadelbäume; auf sauren Böden

GRÖSSE Stiel 5–12 cm lang, 0,8–1,5 cm Durchmesser; Hutdurchmesser 3–8 cm

MERKMALE Hut zimt- bis orangebräunlich oder fuchsbraun; jung mehr oder weniger spitzkegelig, dann flach gewölbt, in allen Reifegraden mit deutlich spitz gebuckelter (Name!) Hutmitte; Hutoberseite trocken matt, feinfilzig bis feinschuppig, deshalb der Name »Raukopf«; Hutrand lange eingerollt, bei älteren Exemplaren oft wellig verbogen. Lamellen zimt- bis rostbraun gefärbt; am Stiel ausgebuchtet; etwas weit stehend; dicklich; unterschiedlich lang; breit. Stiel wie der Hut oder etwas heller gefärbt, deutlich gegürtelt oder genattert; zylindrisch, schlank, oft mit keulig verdickter Basis; trocken; bei älteren Fruchtkörpern hohl. Fleisch gelblich orange bis rostbräunlich; in der Hutmitte dick; Geruch schwach nach Rettich oder Erde. Sporenpulver rostbraun

VERWENDUNG tödlich giftig; die Beschwerden setzen erst 2–14 Tage nach Verzehr des Pilzes ein (= lange Latenzzeit), dann können die Nieren durch das Gift Orellanin bereits so stark geschädigt sein, dass man zum Dialyse-Patient wird

VERWECHSLUNGSGEFAHR bei jungen Fruchtkörpern dieser Art mit Echten Pfifferlingen (*Cantharellus cibarius*, siehe Seite 212/213), diese haben aber nie einen Schleier

Typisch

Die Gesamthülle (Velum) junger Pilze ist gelb. Der längsfaserige Stiel ist, vor allem wenn man ihn von der Seite betrachtet, deutlich gegürtelt oder genattert.

ÄHNLICHE ART Von gleicher Giftigkeit ist der Orangefuchsige Raukopf (*Cortinarius orellanus*), sein Stiel ist jedoch ungenattert; er kommt vor allem in Laubwäldern vor.

BEOBACHTUNGS-/SAMMELZEIT

J	F	M	A	M	J	J	A	S	O	N	D

Semmelgelber Schleimkopf

Cortinarius varius

Die Gattung Cortinarius, *die Schleierlinge, ist mit über 800 Arten die artenreichste Pilzgattung. In Deutschland kommen davon etwa 500 Arten vor. Der Semmelgelbe Schleimkopf fällt dabei in die Unterkategorie »Schleimköpfe« und hat als zusätzliches Erkennungsmerkmal einen ebenfalls schleimigen Stiel.*

VORKOMMEN in der gemäßigten Zone Mitteleuropas weit verbreitet, häufig; wächst gesellig in Nadelwäldern und (seltener) in Mischwäldern in höheren Lagen; Mykorrhizapilz der Fichte, Kiefer und Tanne; auf Kalk

GRÖSSE Stiel 4–10 cm lang, 1–2 cm Durchmesser; Hutdurchmesser 4–10 cm

Durch die Sporen sind die ringförmigen Velumreste braun gefärbt.

MERKMALE Hut jung semmelbraun, später rötlich braungelb mit hellerem Rand (deshalb der weitere Name Ziegelgelber Schleimkopf); jung halbkugelig, später gewölbt bis ganz ausgebreitet, manchmal unregelmäßig verbogen; Hutoberseite trocken glatt, etwas klebrig, bei feuchtem Wetter schmierig-schleimig glänzend; Hutrand jung eingerollt, dann oft noch mit weißlichen Velumresten versehen. Lamellen jung schwach lilafarben, später blauviolett (siehe Fotos), im Alter durch die Sporen rostbraun; am Stiel ausgebuchtet; eng stehend; von unterschiedlicher Länge. Stiel weißlich-faserigig, im Alter schwach hellbräunlich überhaucht; zylindrisch, zur Basis hin oft keulig verdickt; voll; Velumreste oft als weißliche Cortina-Ringzone, die sich bei älteren Fruchtkörpern durch die Sporen bräunlich verfärbt. Fleisch weiß; fest, dick; Geruch unauffällig, Geschmack mild. Sporenpulver rostbraun

VERWENDUNG essbar; einer der sehr gut schmeckenden Schleierlinge, der Pilz sollte aber wegen der giftigen Arten in dieser Gattung nur gesammelt werden, wenn man ihn gut kennt

VERWECHSLUNGSGEFAHR mit dem sehr ähnlich gefärbten, aber giftigen Leuchtendgelben Klumpfuß (*Cortinarius splendens*), dessen Lamellen sind aber nie violett, sondern zitronen- bis rostgelb

BEOBACHTUNGS-/SAMMELZEIT

J	F	M	A	M	J	J	A	S	O	N	D

Typisch

Aufgrund der schleimig-schmierigen Hutoberseite kleben oft Nadeln oder Blätter auf dem Hut. Den violetten Lamellen verdankt die Art den weiteren Namen Blaublättriger Schleimkopf.

Schleiereule (§)

Cortinarius praestans

Wie bei allen Vertretern der Gattung Cortinarius *ist der ganz junge Pilz von einer Schutzhülle (Velum universale) überzogen, die bei dieser Art weißlich gefärbt ist. Wenn der Fruchtkörper aus der Hülle hervorbricht, erinnert er an das große Auge einer Eule. Der Stiel des Fruchtkörpers ist leicht bläulich violett gefärbt.*

VORKOMMEN Mittel- und Südeuropa, Bestände gehen zurück; einzeln bis gesellig in Laubwäldern in wärmebegünstigter Lage; Mykorrhizapilz besonders der Rotbuche, im Süden auch der Edelkastanie; auf Kalk

Bei dieser Gruppe junger Schleiereulen hat der Hut gerade das Velum durchbrochen. Beim Längenwachstum bildet es faserige Zonen am Stiel.

GRÖSSE Stiel 10–15 (–20) cm lang, 3–5 cm Durchmesser; Hutdurchmesser (8–) 20–25 cm

MERKMALE Hut jung braunviolett, von weiß-bläulichem, häutigem Velum überzogen, später rotbraun; jung halbkugelig mit eingerolltem Rand, später flach gewölbt; Hutoberseite bei feuchtem Wetter schmierig-klebrig, mit weißlichen Flocken (Velumreste); Hutrand oft auffallend runzelig. Lamellen weißgrau bis blassviolett, später zimtbräunlich; am Stiel gerade oder leicht ausgebuchtet; ziemlich dicht stehend; im Vergleich zum Hutfleisch schmal; unterschiedlich lang. Stiel weiß, weißlich violett, faserig gegürtelt (deshalb der weitere Name Blaugestiefelter Schleimkopf); zylindrisch; kräftig, voll; im oberen Bereich bildet die spinnwebartige Cortina eine faserige Zone, die durch die Sporen bräunlich gefärbt ist. Fleisch weißlich; fest; Geruch unauffällig, Geschmack mild. Sporenpulver rostbraun

VERWENDUNG essbar; guter und ergiebiger Speisepilz; da die Art bei uns selten ist und unter Schutz steht, sollte sie nicht gesammelt werden

Typisch

Der kompakte, schwere Pilz ist durch seine Größe kaum zu verwechseln. Von der Schutzhülle, die den jungen Pilz umgibt, bleiben später weißliche, anliegende, faserige Schuppen auf dem Hut übrig.

BEOBACHTUNGS-/SAMMELZEIT

J	F	M	A	M	J	J	A	S	O	N	D

Lila Dickfuß ✝

Cortinarius traganus

Diese Art gehört zur trockenhütigen Gruppe der Gattung Cortinarius. *Wegen der verdickten Stielbasis heißen die Pilze Dickfüße. Das Fleisch ist safranfarbig und giftig. Der Genuss dieser Pilze wird in der Regel aber bereits durch den unangenehmen karbidähnlichen Geruch verhindert.*

VORKOMMEN lokal ziemlich häufig; einzeln bis gruppenweise in Nadelwäldern der Mittelgebirge, seltener auch in Laubwäldern; Mykorrhizapilz der Fichte; auf sauren Böden

Die Lamellen sind nie lila, sondern bereits bei jungen Fruchtkörpern bräunlich. Sie stehen in Kontrast zum lila Hut.

GRÖSSE Stiel 5–10 cm lang, 1,5–2 cm Durchmesser; Hutdurchmesser 5–12 cm

MERKMALE Hut jung hellviolett, später verblassend; jung fast kugelig, später gewölbt bis ausgebreitet, dann kann man oft noch die Reste der Cortina als spinnwebartige Schleierfetzen erkennen; Hutoberseite seidig glänzend, bei älteren Fruchtkörpern verblassend und dann schmutzig ockerbraun; Hutrand bei jungen Fruchtkörpern durch blass lilafarbene, stark entwickelte Cortina mit dem Stiel verbunden. Lamellen bereits jung ocker-gelbbraun, später rostbraun, Schneiden heller, gekerbt; am Stiel ausgebuchtet; relativ eng stehend; unterschiedlich lang. Stiel jung blassviolett, reichliche Schleierreste bilden zottigen Überzug, bei älteren Exemplaren wie der Hut hellbräunlich verblassend; zylindrisch, mit auffälliger, keulenförmig verdickter (bis 4 cm dick) Basis, Knolle nicht gerandet; fest; faserige, durch Sporen rostbraune Ringzone im oberen Stieldrittel. Fleisch braungelb bis safrangelblich; Geruch süßlich widerlich, Geschmack bitter. Sporenpulver rostbraun

VERWENDUNG giftig; verursacht heftige Magen-Darm-Beschwerden

VERWECHSLUNGSGEFAHR mit dem essbaren Violetten Rötelritterling (*Lepista nuda*, siehe Seite 134/135), dessen Hut ist aber nie mit einem faserigen Schleier überzogen, außerdem ist sein Fleisch violett

BEOBACHTUNGS-/SAMMELZEIT

J	F	M	A	M	J	J	A	S	O	N	D

Typisch

Der Lila Dickfuß hat nie lilafarbene Lamellen. Außerdem sind bei ihm Stiel und Hut nie schleimig, sondern trocken.

Dunkelvioletter Schleierling (🍴) (§)

Cortinarius violaceus

Der auffällig gefärbte Dunkelviolette Schleierling ist leicht zu bestimmen. Da er heute gebietsweise äußerst selten ist, steht er in Deutschland unter Schutz und sollte trotz Genießbarkeit unbedingt geschont werden. Wegen seines besonderen Aussehens freut sich jeder, wenn er diesen Pilz in der Natur entdeckt.

VORKOMMEN in Europa weit verbreitet, in Deutschland eher in montanen Lagen; bildet oft Hexenringe in moosreichen Laub- und Nadelwäldern, auch in Mooren; Mykorrhizapilz

GRÖSSE Stiel 6–12 cm lang, 1–2 cm Durchmesser; Hutdurchmesser (4–) 12–15 cm

MERKMALE Hut jung dunkel blauviolett, bei alten Fruchtkörpern manchmal auf der Hutmitte mit bräunlichen Tönen; anfangs halbkugelig bis glockig, dann gewölbt bis flach ausgebreitet, gelegentlich schwach gebuckelt; Hutrand lange eingebogen; Hutoberseite trocken, jung filzig, alt verkahlend; fleischig. Lamellen dunkel blauviolett, alt durch die Sporen rostbraun; ausgebuchtet; weit stehend; unterschiedlich lang; dick; bauchig. Stiel dunkelviolett, von der faserigen Ringzone abwärts oft genattert; zylindrisch, oft mit Knolle; Oberfläche leicht samtig. Fleisch blauviolett; Geruch intensiv nach Zedernholz, Geschmack unangenehm. Sporenpulver rostbraun

VERWENDUNG bedingt essbar; wird von vielen wegen des Geschmacks nach Zedernholz abgelehnt; sollte geschont werden

VERWECHSLUNGSGEFAHR aufgrund seines charakteristischen Aussehens kaum zu verwechseln, am ehesten noch mit den ebenfalls violetten, aber giftigen Arten Lila Dickfuß (*Cortinarius traganus*, siehe Seite 168/169) und Bocks-Dickfuß (*Cortinarius camphoratus*); Letzterer wächst an ähnlichen Standorten von September bis November; unerfahrene Sammler können die Art mit dem Violetten Rötelritterling (*Lepista nuda*, siehe Seite 134/135) verwechseln, dessen Hut ist aber stets kahl

BEOBACHTUNGS-/SAMMELZEIT

J	F	M	A	M	J	J	**A**	**S**	**O**	N	D

Typisch

Der Pilz ist in allen Teilen blauviolett gefärbt. Die Oberseite des Hutes ist stets feinschuppig bis feinfilzig.

Kahler Krempling ☠

Paxillus involutus

Beim Kahlen Krempling sind tatsächlich sowohl der Stiel als auch der Hut kahl. Der Rand des Hutes ist zu einer deutlichen, lang bestehenden Krempe umgebogen. Schon eine leichte Berührung seines Fleisches oder der Lamellen führt zu auffällig braunen Flecken, er heißt darum auch Empfindlicher Krempl.

VORKOMMEN in Europa weit verbreitet; wächst in Wäldern aller Art, vor allem in Nadelwäldern, auch in Gärten und Parks, Mooren, an Wegrändern; Mykorrhizapilz verschiedener Baumarten, wie der Fichte, Waldkiefer, Hängebirke, Rot- und Hainbuche; meist auf feuchten, eher sauren Böden

GRÖSSE Stiel 5–10 cm lang, Durchmesser 1–2 cm; Hutdurchmesser 5–15 cm

MERKMALE Hut gelbbräunlich bis zimtbraun; jung gewölbt, später flach ausgebreitet und in der Mitte schwach trichterförmig vertieft; Hutoberseite feinfilzig, am Scheitel kahl; Hutrand leicht filzig, gekerbt; Hut steht häufig seitlich versetzt auf dem Stiel. Lamellen jung hell holzfarben, später dunkel ockergelb; relativ eng stehend, in Stielnähe oft gegabelt; laufen am Stiel herab; schmal; leicht vom Hut ablösbar. Stiel jung gelblich braun, später dunkel ockerbraun; zylindrisch, oft gebogen; Oberfläche jung oft fein bereift, später leicht faserig; voll. Fleisch hell holzgelblich; weich; Geruch und Geschmack leicht säuerlich. Sporenpulver rötlich ockerbraun

VERWENDUNG sehr giftig; kann roh verzehrt schwerste Magen-Darm-Entzündungen hervorrufen; gut durchgekocht schmackhaft, kann aber nach wiederholtem Genuss durch Hämolyse zum Tod führen, weil sich eine allergieähnliche Reaktion aufbaut

Typisch

Bei trockener Witterung ist der Hut fein glänzend. Im Alter und bei Feuchtigkeit wird er schmierig.

BEOBACHTUNGS-/SAMMELZEIT

J	F	M	A	M	J	J	A	S	O	N	D

Samtfuß-Holzkrempling (🍴)

Tapinella atrotomentosa

*Der Samtfuß-Holzkrempling ist aufgrund seiner Wuchsform und der samtigen Oberfläche von Hut und Stiel kaum mit einer anderen Pilzart zu verwechseln. Früher stand er verwandtschaftlich dem Kahlen Krempling nahe, heute wird er mit dem Muschelkrempling (*Tapinella panuoides*) zur Familie der Holzkremplinge (*Tapinellaceae*) gezählt.*

VORKOMMEN in Mitteleuropa weit verbreitet, ziemlich häufig; einzeln bis gesellig in Nadel-, seltener in Mischwäldern an feuchten, schattigen Stellen; Saprobiont meist an morschen Stümpfen verschiedener Nadelbäume, Braunfäuleerreger; meidet stickstoffhaltige Böden

Der samtig-dunkelbraune Stiel ist im Verhältnis zur Hutbreite kurz.

GRÖSSE Stiel 3–6 (–9) cm lang, 2–5 cm Durchmesser; Hutdurchmesser 8–20 (–30) cm

MERKMALE Hut hell bis dunkel ocker- bis rostbraun, bei älteren Fruchtkörpern fast schwarzbraun; jung flach gewölbt, später ausgebreitet, unregelmäßig geformt: rundlich, muschel-, zungen- oder trichterförmig; Hutrand in allen Altersstadien deutlich eingerollt, oft wellig; Hutoberseite trocken und feinsamtig, im Alter zunehmend kahler und rissig. Lamellen blassgelb bis hell ockerfarben, auf Druck fleckend; am Stiel weit herablaufend; relativ eng stehend; in Stielnähe oft gegabelt mit Querverbindungen; dünn; leicht vom Hutfleisch lösbar. Stiel dunkelbraun; zylindrisch bis bauchig, Basis oft verjüngt; manchmal nicht mittig; samtig-filzig bis zottig; kräftig. Fleisch blassgelb, in der Basis leicht bräunlich; dick, im Alter meist sehr schwammig; Geruch säuerlich, Geschmack säuerlich, leicht bitter. Sporenpulver rötlich gelbbraun

VERWENDUNG ungenießbar; müsste vor Verzehr lange gekocht werden, behält dennoch den für viele unangenehmen Geschmack

BEOBACHTUNGS-/SAMMELZEIT

J	F	M	A	M	J	J	A	S	O	N	D

Typisch

Der starke Kontrast zwischen dem dunklen, samtigen Stiel und den hellen Lamellen ist auffällig. Die Hutform entspricht häufig nicht der eines typischen Pilzes. Oft ist der Hut deutlich niedergedrückt.

Falscher Pfifferling (🍴)

Hygrophoropsis aurantiaca

BEOBACHTUNGS-/SAMMELZEIT

J	F	M	A	M	J	J	A	S	O	N	D

Der Falsche Pfifferling trägt seinen Namen zurecht, denn er sieht dem Echten Pfifferling zum Verwechseln ähnlich. Wegen der fast regelmäßig gegabelten Lamellen wird er auch Gabelblättling genannt. Er hat zwar Lamellen, wird aber den Röhrenpilzen zugerechnet.

VORKOMMEN in Mitteleuropa weit verbreitet, lokal sehr häufig; gesellig in Nadelwäldern aller Art, seltener im Mischwald; Saprobiont vorwiegend auf dem Boden in der Nadelstreu, auch an morschem Holz, auf alten Sägeplätzen im Wald; vor allem auf sauren Böden

GRÖSSE Stiel 2–6 cm lang, 0,5–1 cm Durchmesser; Hutdurchmesser 2–8 cm

MERKMALE Hut hellgelb bis kräftig orange; jung flach, auffallend kreisrund, später im Zentrum schwach trichterförmig, wellig verbogen; Hutoberseite feinfilzig, trocken, glanzlos; Hutrand auch bei älteren Fruchtkörpern oft noch eingerollt bis eingebogen. Lamellen meist kräftig orange, später heller; am Stiel herablaufend; relativ eng stehend, dünn; mehrfach gegabelt. Stiel wie Hut gefärbt, nach unten dunkler; zylindrisch, verjüngt sich etwas nach unten; oft gebogen, zentral oder etwas seitlich versetzt; glatt, fein samtig. Fleisch rötlichgelblich; ziemlich weich und zäh, Geruch und Geschmack unauffällig. Sporenpulver weißlich

VERWENDUNG bedingt essbar; eignet sich nur als Mischpilz; ist schwer verdaulich, sollte deshalb nicht in größeren Mengen verzehrt werden, kann sonst zu Verdauungsstörungen führen

VERWECHSLUNGSGEFAHR mit dem Echten Pfifferling (*Cantharellus cibarius*, siehe Seite 212/213), dieser hat aber weißes Fleisch sowie dicke gabelartig verzweigte Leisten, keine gegabelten Lamellen, außerdem wächst er nicht an Totholz

Typisch

Im Anschnitt erkennt man das orangefarbene Fleisch, ein gutes Unterscheidungskriterium zum Echten Pfifferling. Die Farbe des Hutes wird bei älteren Fruchtkörpern zum Rand hin oft blasser.

Faltentintling †

Coprinus atramentarius

Im Alter zerfließen die Lamellen und der Hut der Tintlinge in eine schwarze, tintenähnliche Flüssigkeit. Diese wurde früher tatsächlich als Tintenersatz verwendet, dient aber eigentlich zur Verbreitung: In ihr befinden sich die Sporen, die entweder von Insekten aufgenommen und vertragen oder vom weidenden Vieh mit dem umgebenden Bewuchs gefressen und an anderer Stelle ausgeschieden werden.

VORKOMMEN in Mitteleuropa weit verbreitet, sehr häufig; wächst meist in dichten Büscheln auf Wiesen, Weiden, Feldern, in Gärten, Parks, an Wegrändern in Laubwäldern; Saprobiont auf Pflanzenresten, wie morschen Holzstümpfen, vergrabenem Holz; auf nährstoffreichen Böden

Der Hutrand biegt sich bei älteren Exemplaren oft auf, bevor er schwarz zerfließt.

GRÖSSE Stiel 4–15 cm lang, 1–1,5 cm Durchmesser; Huthöhe bis 10 cm, Hutdurchmesser bis 8 cm

MERKMALE Hut aschgrau bis graubräunlich, deshalb auch Grauer Tintling genannt; jung am Scheitel fein bräunlich, glimmerartig geschuppt, später kahl; jung fast eiförmig, dann glockig, später kegelförmig; Hutrand gerippt, dann vom Rand her oft eingerissen. Lamellen jung weißgrau, später schwarz, dann schwarz zerfließend; bauchig, sehr dicht gedrängt, häufig verklebt; am Stiel schmal angeheftet. Stiel weiß; zylindrisch, nach unten knotenartig verdickt; alt hohl; brüchig; fein längsfaserig; mit schmaler Ringzone, die meist erst im unteren Ringdrittel erkennbar ist. Fleisch weiß, alt schwarz zerfließend; dünn; Geruch und Geschmack unauffällig. Sporenpulver schwarz

VERWENDUNG jung essbar; in Verbindung mit auch der kleinsten Menge Alkohol (1–2 Tage vor bzw. nach der Mahlzeit getrunken) sehr giftig (der Inhaltsstoff Coprin verhindert den Abbau von Alkohol im Körper, siehe Seite 39)

VERWECHSLUNGSGEFAHR mit dem essbaren Schopftintling (*Coprinus comatus*, siehe Seite 180/181), dieser hat jung einen grob-faserschuppigen Hut

BEOBACHTUNGS-/SAMMELZEIT

J	F	M	A	M	J	J	A	S	O	N	D

Typisch

Im Gegensatz zu anderen Tintlingen hat der Faltentintling einen kegelförmigen Hut, der deutliche strahlenförmige Rillen aufweist.

Schopftintling

Coprinus comatus

Der Schopftintiling hat anfangs einen weißen, walzenförmigen Hut, der sich im Alter glockenförmig nach außen biegt. Schließlich zerfließt er vom Rand her tintenartig. Die Art ist die einzige Tintling-Art, die in Verbindung mit Alkohol nicht giftig ist. Allerdings sollte der Pilz sofort nach dem Sammeln zubereitet werden, denn sobald der Hut zerfließt, ist er ungenießbar. Dies kann aber innerhalb von ein paar Stunden passieren.

BEOBACHTUNGS-/SAMMELZEIT

J	F	M	A	M	J	J	A	S	O	N	D

VORKOMMEN in Mitteleuropa weit verbreitet, sehr häufig; wächst einzeln bis gruppenweise an Wald- und Wegrändern, auf Äckern, Feldern, Wiesen und Weiden, in Parks und Gärten, auch auf Schuttplätzen, an Straßenrändern; Saprobiont am Boden; oft auch auf gedüngten Böden

Bevor die weißen Lamellen schwärzlich zerfließen, verfärben sie sich von unten nach oben rötlich.

GRÖSSE Stiel 10–15 cm lang, 1–2 cm Durchmesser; Huthöhe 5–15 cm, Hutdurchmesser jung 3–6 cm

MERKMALE Hut jung weiß, Scheitel ockerfarben, bei älteren Fruchtkörpern vom Rand her erst rötlich, dann gräulich, schließlich tintenartig zerfließend; jung walzenförmig, dann glockig; Hutoberseite mit abstehenden weißen Schuppen besetzt; Hutrand zunächst ein-, später nach außen gerollt. Lamellen am Stiel nicht angeheftet; sehr dicht stehend; dünn, breiter als das dünne Hutfleisch. Stiel weiß; zylindrisch; längsfaserige Struktur; brüchig und bald hohl; mit weißem, beweglichem, vergänglichem Ring. Fleisch jung weiß, später rosa, dann schwärzend; dünn, weich, brüchig; Geruch und Geschmack angenehm. Sporenpulver schwarz

VERWENDUNG essbar, solange die Pilze noch völlig weiß und die Hüte geschlossen sind; wohlschmeckend, für alle Zubereitungsarten geeignet; soll den Blutzuckerspiegel regulieren

VERWECHSLUNGSGEFAHR mit dem Falten-Tintling (*Coprinus atramentarius*, siehe Seite 178/179), dieser hat aber einen faltigen, kegelförmigen Hut

HINWEIS: Diese Art hat zwar einen Ring, sie steht aber in dieser Gruppe, weil der Ring sehr vergänglich ist.

Typisch

Nach dem Zerfließen des Hutes bleibt oft nur der Stiel stehen.

Frauentäubling

Russula cyanoxantha

Die Täublinge (Gattung Russula*) gehören, obwohl sie Lamellen tragen, nicht zu den Lamellenpilzen, sondern zusammen mit den Milchlingen (siehe Seite 188–195) zu den sogenannten Sprödblättlern. Lamellen und Fleisch sind sehr spröde und brechen leicht. Giftige Arten haben einen scharfen Geschmack und verursachen ein langanhaltendes Brennen auf der Zunge. Deshalb sollte nur derjenige Täublinge zu Speisezwecken sammeln, der sich mit den Arten auskennt.*

VORKOMMEN in Mitteleuropa verbreitet, sehr häufig, in Süddeutschland häufiger als in Norddeutschland; wächst vor allem in Laub- und Mischwäldern, Parkanlagen; Mykorrhizapilz der Rotbuche und Eiche; auf mäßig nährstoffhaltigen Böden, gern Kalk

GRÖSSE Stiel 4–7 (–10) cm lang, 1,5–2,5 cm Durchmesser; Hutdurchmesser 5–15 cm

Die Hutfarbe kann von Blau über Violett, Bräunlich bis Grünlich variieren.

Typisch

Der Frauentäubling ist ein untypischer Täubling, denn seine Lamellen sind weich und biegsam und splittern nicht beim Darüberstreichen. Sie fassen sich speckig an.

MERKMALE Hut meist variabel gefärbt, hell- bis dunkelviolett, blauviolett, auch oft mit Grüntönen oder grünen Flecken; jung halbkugelig, bald flach ausgebreitet bis in der Hutmitte trichterig niedergedrückt; Hutrand jung eingebogen, glatt, erst im Alter bisweilen gerippt; Hutoberseite radialfaserig; trocken matt glänzend, feucht etwas schmierig; Huthaut weit abziehbar, nicht felderig aufreißend. Lamellen weiß; am Stiel angewachsen, später leicht herablaufend; ziemlich eng stehend; manchmal am Stiel queraderig verbunden; unterschiedlich lang; weich, biegsam, nicht brüchig, dünn. Stiel weiß, manchmal lila überhaucht; zylindrisch, mit meist etwas zugespitzter Basis; spröde, glatt, jung voll und festfleischig, später schwammig. Fleisch weiß, unter der Huthaut blass violett; im Hut fest; Geruch unauffällig, Geschmack mild, nussartig. Sporenpulver weiß

VERWENDUNG essbar; guter, ergiebiger Speisepilz, für alle Zubereitungsarten geeignet; leider oft madig; reichert in seinen Zellen in belasteten Gegenden radioaktives Cäsium an

VERWECHSLUNGSGEFAHR mit dem scharf schmeckenden Zitronenblättrigen Täubling (*Russula sardonia*, siehe Foto rechts); dieser hat eine ähnliche Hutfarbe, aber gelbliche Lamellen; mit dem ungenießbaren Gasgrünen Täubling (*Russula aeruginea*), der aber unter Birken wächst

Speisetäubling

Russula vesca

Der Speisetäubling ist ein wohlschmeckender Pilz, der sich gut für alle Zubereitungsarten eignet. Leider wird er wie viele Täublingsarten gerne von Schnecken gefressen und ist auch oft madig. Er wächst vor allem in der Umgebung von Fichten und Rotbuchen, mit denen er eine Lebensgemeinschaft (Mykorrhizapilz) bildet.

VORKOMMEN in ganz Mitteleuropa, häufig; Laub- und Mischwälder; auf mäßig sauren Böden, kalkmeidend

GRÖSSE Stiel 3–8 cm lang, 1–2,5 cm Durchmesser; Hutdurchmesser 5–10 cm

MERKMALE Hut fleischrosa bis rosabräunlich, seltener stärker rötlich, auch mit Olivtönen, bei älteren Fruchtkörpern mit rötlich ocker-

farbenen Flecken; jung halbkugelig, bald abgeflacht mit trichterig niedergedrückter Hutmitte; Hutoberseite bei Trockenheit matt, bei feuchtem Wetter klebrig und glänzend; Huthaut bis zur Hälfte abziehbar. Lamellen weiß, rostfleckig; am Stiel leicht ausgebuchtet bis etwas herablaufend; eng stehend, zum Stiel hin kurz gegabelt; schmal. Stiel weiß, Basis ockerfleckig; zylindrisch, verjüngt sich an der Basis; im Verhältnis zur Hutbreite relativ kurz. Fleisch weiß, oft rost- oder ockerfleckig; ziemlich fest, dennoch leicht brüchig; Geruch unauffällig, Geschmack mild, nussartig. Sporenpulver weiß

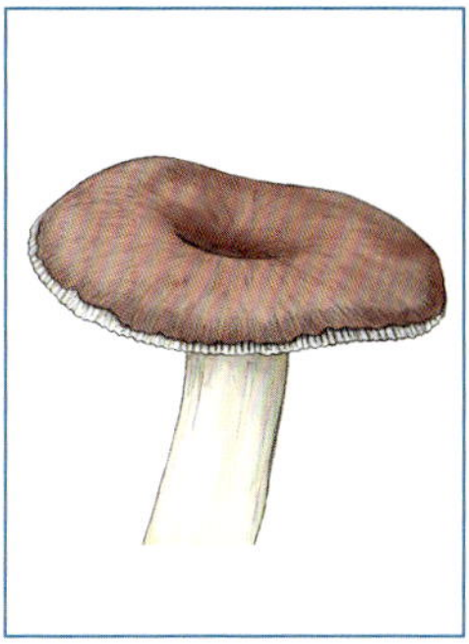

Die Huthaut reicht nicht ganz bis zum Rand. Dadurch kann man 1–2 mm des weißen Fleisches mit den weißen Lamellenenden sehen.

VERWENDUNG essbar; hervorragend schmeckender Täubling

VERWECHSLUNGSGEFAHR mit dem scharf schmeckenden Speitäubling (*Russula emetica, siehe Seite 186/187*)

Typisch

Obwohl zu den Sprödblättlern gehörend, sind die Lamellen relativ weich. Auf Druck splittern sie kaum.

Kirschroter Speitäubling †

Russula emetica var. emetica

*Der Speitäubling (*Russula emetica*) kommt in verschiedenen Varietäten vor, deren Benennung sich unter anderem aus den Symbiosepartnern, etwa Kiefern-Speitäubling (*Russula emetica *var.* silvestris*) oder Birken-Speitäubling (*Russula emetica *var.* betularum*) ergibt. Unterscheiden lassen sich die Varietäten nur unter dem Mikroskop. Alle Speitäublinge sind giftig und verursachen starke Magen-Darm-Beschwerden.*

VORKOMMEN in Europa weit verbreitet vom Tiefland bis ins Gebirge, sehr häufig; einzeln bis gesellig in feuchten Nadelwäldern, oft zwischen Torfmoosen, seltener auch in Laubwäldern; Mykorrhizapilz vor allem der Fichte; auf sauren Böden

Die Hutmitte ist beim Apfeltäubling, einem essbaren Doppelgänger, dunkel und meist gebuckelt.

GRÖSSE Stiel 4–8 cm lang, 1,5–2 cm Durchmesser; Hutdurchmesser 4–10 cm

MERKMALE Hut leuchtend rot, auch blass rötlich, im Alter auch ausblassend; jung halbkugelig, später gewölbt, dann flach ausgebreitet oft mit niedergedrückter Hutmitte; Hutrand jung glatt, später oft kurz gerieft; Hutoberseite glatt, feucht etwas schmierig, glänzend; Huthaut lässt sich recht weit abziehen. Lamellen weiß; am Stiel angewachsen; mäßig eng stehend; dünn, etwas biegsam; unterschiedlich lang. Stiel weiß, selten rötlich überhaucht; zylindrisch, mit meist zugespitzter Basis; mitunter schwach längsrunzelig. Fleisch weiß; brüchig; Geruch obstartig, Geschmack scharf. Sporenpulver weiß

VERWENDUNG giftig; enthält harzige Stoffe, die zu starken Magen- und Darmbeschwerden mit lang anhaltenden Brechdurchfällen führen können

VERWECHSLUNGSGEFAHR mit dem essbaren Apfeltäubling (*Russula paludosa*, siehe Foto oben), der an ähnlichen Standorten wächst, aber mildes Fleisch hat und dessen Stiel rosa überhaucht sein kann

BEOBACHTUNGS-/SAMMELZEIT

J	F	M	A	M	J	J	A	S	O	N	D

Typisch

Wenn der Kirschrote Speitäubling auf harten Untergrund fällt, zerbricht er wie alle Täublinge in viele Stücke. Bei anderen weicheren Pilzen würde nur der Stiel abbrechen.

Wollschwamm (🍴)

Lactarius vellereus

*Der Wollschwamm gehört zur Gattung der Milchlinge (*Lactarius*). Er wird auch Erdschieber genannt, denn die jungen Fruchtkörper, die sich zur Hälfte unterirdisch entwickeln, heben beim Herauskommen aus dem Boden in der trichterförmigen Vertiefung ihres Hutes Bodensubstrat empor.*

VORKOMMEN im mitteleuropäischen Flachland sehr häufig, jedoch nicht jedes Jahr; wächst in Gruppen in Laub- und Mischwäldern; Mykorrhizapilz der Rotbuche und Eiche; auf basenreichen Böden

GRÖSSE Stiel 2–6 cm lang, 2–5 cm Durchmesser; Hutdurchmesser 8–20 (–30) cm

MERKMALE Hut kalkweiß, alt vergilbend; anfangs flach gewölbt, dann mit niedergedrückter, später trichterig vertiefter Mitte; Hutrand

Im Gegensatz zum Wollschwamm hat der Langstielige Pfeffer-Milchling einen kahlen Hut und eng stehende Lamellen. Die Milch bleibt weiß.

lange eingerollt, auch im Alter nach unten gebogen, oft unregelmäßig wellig verbogen, ungerieft; Hutoberseite trocken, flaumig-wollig, bei älteren Exemplaren nur noch am Hutrand. Lamellen weiß, später cremefarben, braun fleckend; am Stiel leicht herablaufend; relativ weit stehend; dick; um den Stiel oft etwas gegabelt; schmal. Stiel weiß, an Druckstellen gilbend; zylindrisch, im Verhältnis zum Durchmesser des Hutes recht kurz und dick; fein filzig. Fleisch weiß; sehr fest, zäh; dick; Geruch unauffällig, Geschmack scharf brennend, bitter. Sporenpulver weißlich

VERWENDUNG ungenießbar, schmeckt stark bitter und besitzt hartes, sprödes Fleisch, kann Magen-Darm-Beschwerden auslösen

ÄHNLICHE ART Der Langstielige Pfeffer-Milchling (*Lactarius piperatus*, siehe Foto oben) unterscheidet sich vom Wollschwamm durch die scharf schmeckende Milch.

BEOBACHTUNGS-/SAMMELZEIT

J	F	M	A	M	J	J	A	S	O	N	D

Typisch

Die weiße, allmählich gilbende Milch schmeckt, ohne Pilzfleisch probiert, mild. Sie macht die Zähne stumpf. Die Lamellen sondern bei jungen Exemplaren manchmal eine klare Flüssigkeit ab.

Edelreizker

Lactarius deliciosus

Der Edelreizker ist ein weniger bekannter, aber guter Speisepilz, der sich besonders zum Braten eignet. Er ist einer von sechs Reizker-Arten mit rötlicher Milch, die alle essbar sind. Der Name »Reizker« ist seit dem 16 Jahrhundert bekannt. Er leitet sich vom slawischen, vermutlich sorbischen Wort »ryzyk« ab, was der Rötliche bedeutet.

VORKOMMEN in Mitteleuropa verbreitet, zerstreut, lokal häufig; Kiefernwald, auch Wacholderheiden und Trockenrasen; Mykorrhizapilz der Kiefer, heißt deshalb auch Kiefern-Blutreizker; auf Kalk, auch auf Sand

GRÖSSE Stiel 3–8 cm lang, 1,5–2,5 cm Durchmesser; Hutdurchmesser 4–10 cm

Auf dem Hut des Edelreizkers fallen dunkler gefärbte kreisförmige Linien auf. Mykorrhizapartner ist die Kiefer.

Der ebenfalls essbare Fichten-Reizker hat grüne Flecken auf dem Hut. Er kommt auch im Gebirge vor.

MERKMALE Hut orangerötlich in allen Nuancen, weißlich überreift, dunkle konzentrische Linien; oft mit rötlichen Gruben; jung flach gewölbt mit leicht niedergedrückter Hutmitte, später flach ausgebreitet mit trichteriger Mitte; Hutrand lange eingerollt, bei älteren Fruchtkörpern auch meist noch abwärts gebogen, alt oft wellig verbogen; Hutoberseite trocken matt, bei feuchtem Wetter schmierig. Lamellen orange, auf Druck grün fleckend; am Stiel leicht herablaufend; eng stehend; brüchig. Stiel wie Hut gefärbt, mit auffallenden, dunkleren, unterschiedlich geformten Gruben, am Übergang zu den Lamellen weiße Zone; zylindrisch, an der Basis abgerundet; relativ kurz; brüchig; anfangs voll, bei älteren Fruchtkörpern hohl. Fleisch weißlich, im Anschnitt anfangs orangerot durch austretenden Milchsaft, dann allmählich blass grün; jung fest, später brüchig; Geruch fruchtig, Geschmack mild, leicht bitter. Sporenpulver ockergelblich

VERWENDUNG essbar; sehr guter Speisepilz; eignet sich zum Braten und Panieren, dabei verschwindet der leicht bittere Geschmack

ÄHNLICHE ART Der Hut des ebenfalls genießbaren Fichten-Reizkers (*Lactarius deterrimus*), einem Mykorrhizapilz der Fichte, weist Grüntöne auf, seine Milch rötet im Anschnitt nach.

Typisch

Die orangerote Milch blasst beim Eintrocknen etwas aus und wird später graugrün. Durch die Milch wirkt auch das eigentlich helle Fleisch orange.

BEOBACHTUNGS-/SAMMELZEIT

J	F	M	A	M	J	J	A	S	O	N	D

Mohrenkopf

Lactarius lignyotus

Der Mohrenkopf oder Mohrenkopf-Milchling wird wegen seiner dunkel- bis schwarzbraunen Pilzkörper auch Schornsteinfeger genannt. Wie bei allen Milchlingsarten tritt bei Verletzungen oder im Anschnitt eine milchige Flüssigkeit aus Fleisch und Lamellen.

Typisch

Die milde weiße Milch wird an der Luft allmählich lachsrosa. Die hellen Lamellen stechen stark vom dunklen Hut und dunklen Stiel ab.

BEOBACHTUNGS-/SAMMELZEIT

J	F	M	A	M	J	J	A	S	O	N	D

Es gibt nur wenige Milchlinge mit weißer Milch, die essbar sind. Der Mohrenkopf gehört dazu.

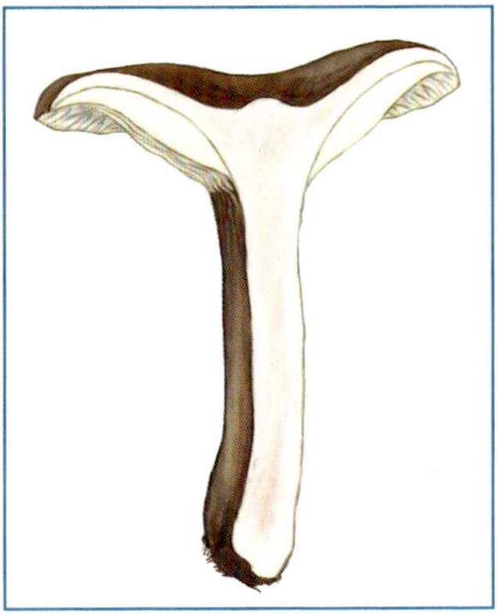

Das Fleisch verfärbt sich im Anschnitt blassrosa. Die Hutmitte ist leicht spitzbuckelig.

VORKOMMEN Mittelgebirge und mittlere Hochlagen, lokal häufig, kommt im Flachland nicht vor; wächst einzeln oder in kleinen Gruppen in feuchten, älteren Fichtenwäldern zwischen Moospolstern; Mykorrhizapilz der Fichte; auf sauren Böden

GRÖSSE Stiel 5–9 cm lang, 0,4–1 cm Durchmesser; Hutdurchmesser 2–6 (–10) cm

MERKMALE Hut dunkelbraun bis schwarzbraun; jung halbkugelig, bald flach bis niedergedrückt, später ausgebreitet und trichterförmig; Hutrand jung eingerollt, später runzelig; Hutoberseite leicht gerunzelt, fein samtig, trocken, matt. Lamellen weiß bis cremefarben; laufen am Stiel herab; etwas weiter stehend; unterschiedlich lang; zum Teil gegabelt. Stiel wie Hut gefärbt oder etwas blasser; im Verhältnis zur Hutbreite lang; matt-samtig; Spitze durch die herablaufenden Lamellen längsrunzelig; ausgestopft, alt schwammig-hohl. Fleisch weißlich; spröde, brüchig; Geruch unauffällig, Geschmack mild, roh mit leicht bitterem Nachgeschmack. Sporenpulver hellocker

VERWENDUNG essbar; wohlschmeckender, festfleischig

VERWECHSLUNGSGEFAHR mit dem ähnlich dunklen, ungenießbaren Pechschwarzen Milchling (*Lactarius picinus*), dessen Milch schmeckt aber scharf; außerdem fehlt ihm der Buckel

Brätling (§)

Lactarius volemus

Der Name des Pilzes verrät, wie man ihn am besten zubereiten sollte, nämlich in dünnen Scheiben geschnitten braten. Beim Kochen wird er schleimig. Das wässrige Fleisch reagiert extrem druckempfindlich. Die aus kleinsten Verletzungen reichlich quellende Milch schmeckt bitter und betäubt Zunge und Gaumen . Da die Bestände dieser Pilzart stark zurückgehen, sollten sie geschont werden.

VORKOMMEN in Mitteleuropa verbreitet; Laub- und Nadelwälder; Mykorrhizapilz der Fichte, Kiefer, Rotbuche oder Eiche

GRÖSSE Stiel 4–10 cm lang, 2–3 cm Durchmesser; Hutdurchmesser 5–12 (–15) cm

Der dem Brätling sehr ähnlich gefärbte, aber ungenießbare Lärchen-Milchling kommt vor allem in den Alpen in Begleitung von Lärchen vor.

MERKMALE Hut gelblich orange bis orangebräunlich, auch dunkler rotbräunlich; jung flach gewölbt, dann ausgebreitet mit niedergedrückter, alt auch trichterförmiger Mitte; Hutoberseite trocken, anfangs fein samtig, später kahl, oft grubig; Hutrand schmal eingebogen. Lamellen anfangs gelblich, später hell orangegelb, an Verletzungen braun fleckend; am Stiel gerade angewachsen, alt etwas herablaufend; zum Rand hin oft etwas gegabelt, unterschiedlich lang; eng stehend; dick, starr, brechen bei Berührung leicht. Stiel gelblich orange, meist heller als der Hut; zylindrisch bis leicht keulenförmig; fest, trocken. Fleisch jung weißlich; sehr fest und schwer, im Hut fleischig; Geruch nach Fisch, Geschmack mild, bitterer Nachgeschmack. Sporenpulver gelblich weiß

VERWENDUNG essbar; gebraten hervorragender Speisepilz; der Fischgeruch vergeht beim Zubereiten

VERWECHSLUNGSGEFAHR mit dem ungenießbaren Lärchen-Milchling (*Lactarius porninsis*, siehe Foto oben), dessen Fleisch riecht jedoch nicht nach Fisch, sondern nach Obst, die bitter schmeckende Milch kratzt im Hals; zudem ist er Mykorrhizapilz der Lärche

Typisch

Der Brätling ist durch den fischartigen Geruch kaum zu verwechseln. Die reichliche Milch ist weiß und klebrig. Sie trocknet an der Luft bräunlich ein. Das Fleisch ist selten madig.

BEOBACHTUNGS-/SAMMELZEIT

J	F	M	A	M	J	J	A	S	O	N	D

Sonstige Pilze

Schmetterlings-Tramete (🍴)

Trametes versicolor

Die Schmetterlings-Tramete ist eine der häufigsten Trametenarten in Mitteleuropa. Kennzeichen der Trameten sind der konsolenartige Wuchs an Holz, weißes Fleisch und die Tatsache, dass sich Röhrenschicht und Fleisch nicht trennen lassen. Da die Schmetterlings-Tramete auch Bauholz (Lagerholz und verbautes Holz) oder Zaunpfähle befällt, ist sie gefürchtet. Wegen ihres schönen Aussehens wird diese Pilzart gelegentlich in Blumengestecken verwendet.

VORKOMMEN in ganz Europa weit verbreitet, häufig; wächst stets in Gruppen oder Reihen an toten Laub,-, seltener Nadelbäumen; Sap-

robiont oder Schwächeparasit an Ästen oder Strünken, vor allem der Rotbuche; Weißfäuleerreger

GRÖSSE Fruchtkörper 2–8 cm breit, 1–5 mm hoch; am Substrat ansitzend oder sehr kurz gestielt

Der wellige Rand der Fruchtkörper bildet eine scharfe Kante.

MERKMALE Fruchtkörper oberseits stets mehrfarbig mit sandfarbenen, rötlichen, bräunlichen und bläulichen Farben (deshalb auch Bunte Tramete genannt!) sowie mit konzentrischer Zonierung; Zuwachszonen hell, heben sich kontrastreich von der übrigen Oberseite ab; flach konsolen-, fächerförmig oder dachziegelartig, mit heller, scharfer Kante; sehr dünn; Oberseite samtig, bei älteren Exemplaren kahl; Ansatzstelle dick. Poren eng, weißlich bis cremefarben; Röhren bis 3 mm lang. Fleisch rein weiß; ledrig-zäh, biegsam, Geruch und Geschmack unauffällig. Sporenpulver weiß

VERWENDUNG ungenießbar; dient in der Medizin Chinas und Japans als Immunstimulans, vor allem in der Krebstherapie

ÄHNLICHE ART Am gleichen Baum wie die Schmetterlings-Tramete kann die Striegelige Tramete (*Trametes hirsuta*) vorkommen; ihre Oberseite ist ebenfalls zoniert, sie hat aber längere Härchen. Die Buckel-Tramete (*Trametes gibbosa*) befällt vor allem Rotbuchen; ihre helle Oberfläche kann durch Algenaufwuchs grün gefärbt sein.

BEOBACHTUNGS-/SAMMELZEIT

J	F	M	A	M	J	J	A	S	O	N	D

Typisch

Die durch sehr kurze Härchen seidig glänzenden Bänder auf der Oberseite der nieren- oder halbkreisförmigen Fruchtkörper wechseln mit mehr oder weniger kahlen Bändern ab. Dadurch ergibt sich eine Zonierung. Die einjährige Art bildet jedes Jahr neue Fruchtkörper.

Schwefelporling (🍴)

Laetiporus sulphureus

Der Name dieser Pilzart bezieht sich auf die schwefelgelbe Farbe der Fruchtkörper, die vor allem am Rand besonders intensiv ist. Die einzelnen Fruchtkörper bilden einen sogenannten Sammelfruchtkörper, der über 1 m lang und mehrere Kilo schwer werden kann. Junge Exemplare sondern aus den Poren eine gelbe Flüssigkeit ab. Wegen des Geschmacks heißt die Art in den USA »Chicken of the Woods«.

VORKOMMEN kommt weltweit vor, in Europa weit verbreitet, häufig; wächst vor allem in Laub-, seltener Nadelwäldern, Auwäldern, an Alleen; Parasit an lebenden Bäumen wie Eichen, Weiden oder Robinien, in den Alpen auch Lärchen; Braunfäuleerzeuger

GRÖSSE Fruchtkörper 30–40 cm breit, 1–4 cm dick; am Substrat ansitzend oder ganz kurz gestielt

Der wulstige Rand der Fruchtkörper ist oberseits wellig gesäumt und schwefelgelb getönt.

Der Zimtfarbene Weichporling weist keine Zonierung auf. Die Fruchtkörper wachsen meist einzeln.

MERKMALE Fruchtkörper anfangs leuchtend schwefelgelb, später eher orange (siehe Foto links), ältere Exemplare und bei Trockenheit verblassend; flach konsolenförmig, zungen-, keulen- bis fächerförmig, zu Rosetten verwachsen oder dachziegelartig angeordnet; Rand wulstig, im Alter schmutzig weiß, heller als restliche Oberseite; Oberseite samtig, wellig; Poren leuchtend gelb, fein, gelegentlich mit gelben Tropfen (Guttationstropfen); Röhren bis 4 mm lang. Fleisch gelb, bei jungen Exemplaren sehr zart, saftig, weich und elastisch, bei älteren Exemplaren hart und bitter; Geruch angenehm, Geschmack herb säuerlich.Sporenpulver weißlich

VERWENDUNG nur die weicheren Randzonen junger Fruchtkörper sind essbar; können nach Wässern und Kochen paniert und gebacken oder wie Frikassee zubereitet werden, schmecken aber wegen des hohen Oxalsäuregehalts säuerlich; roh giftig

VERWECHSLUNGSGEFAHR bei jungen Exemplaren mit dem giftigen Zimtfarbenen Weichporling (*Hapalopilus rutilans*, siehe Foto oben rechts), dieser ist aber zimtbraun und steht weiter vom Substrat ab, seine Fruchtkörper sind kleiner

BEOBACHTUNGS-/SAMMELZEIT

J	F	M	A	M	J	J	A	S	O	N	D

Typisch

Der Schwefelporling bildet oft meterhohe Reihen an den Stämmen befallener Bäume. Dabei können bis zu 400 Fruchtkörper dachziegelartig übereinander stehen.

Echter Zunderschwamm (🍴)

Fomes fomentarius

Die Redewendung »brennt wie Zunder« geht auf den Zunderschwamm zurück. Bereits in der Steinzeit wurde aus seinem Fleisch Zunder zum Feuermachen hergestellt. Fliegenfischer kennen ihn unter »Amadou« und schätzen seine schonenden Trocknungseigenschaften zur Verarbeitung der Köderfliegen. Aus dem Fleisch wurden früher auch Kappen oder Trinkgefäße hergestellt. Im Winter stellt der Pilz sein Wachstum ein. Die Ringfurchen auf der Oberseite des Fruchtkörpers entsprechen Wachstumsperioden.

VORKOMMEN kommt weltweit vor, in Europa weit verbreitet; naturnahe Laub- und Mischwälder, auch Heiden und Moore; Schwäche-

parasit und Saprobiont vor allem an stehenden und liegenden Rotbuchen und Birken; Weißfäuleerreger

Der Zunderschwamm wächst immer so, dass die Röhrenschicht nach unten weist. Fällt ein Baum um, bildet er die neue Röhrenschicht entsprechend um 90° gedreht.

GRÖSSE Fruchtkörper 10–25 (–50) cm breit, 7–15 cm hoch; am Substrat ansitzend

MERKMALE Fruchtkörper konzentrisch gefurcht und in verschiedenen Farben gebändert, jung lehm- bis rotbraun, alt gräulichZuwachszonen bräunlich; Ansatzstelle mit heller, weicher Zone, die mit Myzel durchwuchert ist (Myzelialkern); breit hufförmig bis dick konsolenförmig mit stumpfem Rand; Oberseite hart, mit 1–2 mm dicker Kruste; Poren jung weißlich grau, später bräunlich, auf Druck braun fleckend; Röhren 2–8 mm lang, geschichtet; sind in verschiedenen Schichten angeordnet, diese entsprechen Wachstumsschüben, daraus lässt sich aber nicht das Alter ableiten, denn auch mehrere Schübe pro Jahr sind möglich. Fleisch hell- bis rostbraun; eine ziemlich dünne Schicht zwischen Außenkruste und Röhrenschicht; korkig, zäh-faserig; Geruch frisch nach Gurke. Sporenpulver weiß

VERWENDUNG ungenießbar; mit dem Fleisch wurden früher blutende Wunden gestillt, deshalb heißt der Pilz auch Blutschwamm

ÄHNLICHE ART Der Birken-Porling (*Phellinus nigricans/laevigatus*) ist oberseits dunkler und hat keinen Myzelialkern.

BEOBACHTUNGS-/SAMMELZEIT

J	F	M	A	M	J	J	A	S	O	N	D

Typisch

Der Echte Zunderschwamm kann viele Jahre alt werden. Bei frischem Wachstum im Mai wirken die Fruchtkörper durch die Sporen wie weiß bestäubt. Kennzeichnend ist ein Myzelialkern (siehe oben) an der Ansatzstelle.

Dreifarbiger Ziegenbart †

Ramaria formosa

Die Pilze der Gattung Ramaria *erinnern im Aussehen an die Korallen der Meere. Da sie schwer bestimmbar sind – vor allem im Alter – und sich auch giftige Arten unter ihnen befinden, sollten Laien keine Korallen sammeln. Die namengebende Dreifarbigkeit des Ziegenbartes, auch Dreifarbige Koralle genannt, ist nur bei jungen Exemplaren sichtbar. Ihr Strunk ist weißlich, die Äste sind lachs- bis fleischfarben, die Spitzen gelb.*

VORKOMMEN nördliche Erdhalbkugel, in Europa bis auf den Süden und Norden verbreitet; wächst in lichten Laub- und Mischwäldern; Mykorrhizapilz der Rot- und Hainbuchen, Eichen; kalkhaltige Böden

Junge Fruchtkörper haben lachsfarbene Äste mit gelben Spitzen.

Ebenfalls unter Buchen gedeiht die essbare Schwefelgelbe Koralle.

GRÖSSE Fruchtkörper 8–12 (– 30) cm hoch, bis 15 cm breit

MERKMALE Fruchtkörper mit bis 3 cm hohem und breitem Strunk am Ansatz; Strunk unten weiß, nach oben hell lachsfarben. Äste hell bis kräftig lachsfarben, im Alter manchmal bräunlich fleckend, Astspitzen gelb, später blasser; kräftig, fast parallel verlaufend, verzweigen sich nach oben noch einmal; Astspitzen stumpf. Fleisch weiß bis rosaweiß, verfärbt sich an der Schnittstelle etwas rotbraun; zäh und biegsam; geruchlos, Geschmack nach dem Kochen bitter. Sporenpulver ockergelb

VERWENDUNG giftig; verursacht Übelkeit und heftige Durchfälle

VERWECHSLUNGSGEFAHR mit der ebenfalls unter Buchen wachsenden essbaren Schwefelgelben Koralle (*Ramaria flava*, siehe Foto oben rechts), deren steil nach oben ragende Äste sind aber einheitlich ockergelb

BEOBACHTUNGS-/SAMMELZEIT

J	F	M	A	M	J	J	A	S	O	N	D

Typisch

Diese Pilzart wächst in Gruppen oder Hexenringen oft unter Buchen. Die Dreifarbigkeit junger Exemplare verschwindet im Alter.

Goldgelber Ziegenbart (§)

Ramaria aurea

Ziegenbärte erinnern in ihrem Aussehen an Korallen im Meer. Ihr Fruchtkörper besteht aus senkrecht nach oben weisenden, büscheligen Ästen mit Verzweigungen. Die Büschel besitzen eine gemeinsame Basis, bei den Ziegenbärten gabeln oder verzweigen sich die Äste. Die Sporen werden an den Ästen und Zweigen gebildet. Die Ziegenbärte haben eine raue, stachelige Oberfläche.

VORKOMMEN in Mittel- und Westeuropa weit verbreitet; wächst in Laub- und Mischwäldern, Mykorrhizapilz unter Rotbuchen; auf Kalk

GRÖSSE Fruchtkörper 7–14 cm breit, bis 16 cm hoch

Die Bauchweh- oder Blasse Koralle ist giftig. Ihr Verzehr verursacht relativ schnell Magen-Darm-Probleme.

MERKMALE Fruchtkörper weißlich bis gelb, mit breitem, dickfleischigem, abwärts weißem, oben gelbem Strunk; dieser teilt sich blumenkohlartig in Äste mit runden Astgabelungen; Äste erst leuchtend gelb, später mit lachsrosa Farben, Spitzen gleichfarben, seltener rein gelb. Fleisch schmutzig weiß; wässrig marmoriert, im Alter zäh; Geruch angenehm säuerlich, Geschmack jung mild, im Alter etwas bitter. Sporenpulver ockergelb

VERWENDUNG essbar; sollte wegen leichter Verwechslung mit ungenießbaren oder giftigen Korallenarten nur gesammelt werden, wenn man sich ganz sicher ist; muss vor der Zubereitung gut geputzt werden, denn durch die Verzweigungen bleibt Erde etc. zurück

VERWECHSLUNGSGEFAHR mit der Bauchweh-Koralle (*Ramaria pallida*), die giftig, aber etwas blasser gefärbt ist; mit dem ebenfalls giftigen Dreifarbigen Ziegenbart (*Ramaria formosa*, siehe Seite 204/205)

BEOBACHTUNGS-/SAMMELZEIT

J	F	M	A	M	J	J	A	S	O	N	D

Typisch

Der dickfleischige Strunk des Goldgelben Ziegenbarts verjüngt sich nach unten. Der gesamte Fruchtkörper wird im Alter bleicher.

Krause Glucke

Sparassis crispa

Von Weitem erinnert dieser Pilz entfernt an eine brütende Henne. Weil er zusätzlich eine blatt- bis lappenartige, gewundene Struktur aufweist, wird er Krause Glucke oder auch Fette Henne genannt. Bei Förstern ist der Pilz nicht beliebt, weil er in den Bäumen Braunfäule hervorruft. Pilzsammler schätzen sie wegen ihres guten Geschmacks.

VORKOMMEN in Europa weit verbreitet, lokal häufig, erscheint mehrere Jahre hintereinander am gleichen Baum; wächst meist einzeln am Fuß von Nadelbäumen, vor allem von Kiefern, sowohl an lebenden Bäumen als auch an Stümpfen; auf sandigen, nährstoffarmen Böden

GRÖSSE Fruchtkörper bis 25 cm hoch, Durchmesser 10–40 cm, vereinzelt bis 50 cm; bis 5 kg schwer

MERKMALE Fruchtkörper blass rosa bis rosabräunlich; mit strunkartiger, fleischiger, weißer Basis tief im Boden wurzelnd; nach oben badeschwammartig verästelt; halbkugelig, dick polsterförmig, mit zahlreichen gewundenen und wellig gebogenen, abgeflachten Ästen, die nach außen in lappen-und blattartigen Zweigenden oder Endlappen münden; Oberfläche glatt. Fleisch hell; brüchig, elastisch; Geruch angenehm aromatisch, Geschmack mild nussig. Sporenpulver ockerfarben

VERWENDUNG essbar; nur junge Exemplare mit hellem Fleisch sammeln, sie gelten als wohlschmeckend, ältere, bereits bräunliche Fruchtkörper können etwas bitter sein; da sich in den Windungen und Hohlräumen viele Kleintiere sowie Sand, Nadeln etc. verbergen, die sich selbst durch gründliches Waschen nur schlecht entfernen lassen, den Pilz vor dem Waschen zerteilen

ÄHNLICHE ART Ebenfalls essbar, aber viel seltener ist die Breitblättrige Glucke (*Sparassis brevipes/laminosa*); sie gedeiht von August bis Oktober am Fuß von Laub- und Nadelbäumen, ihre blattartigen Äste sind heller gefärbt und wellig.

BEOBACHTUNGS-/SAMMELZEIT

J	F	M	A	M	J	J	A	S	O	N	D

Typisch

Die Krause Glucke ist durch Farbe, Größe und Form kaum zu verwechseln. Junge Exemplare sind weißlich blassgelb, ältere schmutzig hellbräunlich gefärbt.

Schweinsohr (§)

Gomphus clavatus

Das Schweinsohr wird auch Keulenpfifferling genannt, weil sein Geschmack an Pfifferlinge erinnert, die Form junger Exemplare einer Keule ähnelt. Trotz ihrer optischen Ähnlichkeit mit Pfifferlingen sind die Schweinsohren eher mit den Korallen verwandt. Die Sporen entwickeln sich auf der mit gabelig verzweigten Leisten versehenen Außenfläche. In betroffenen Gebieten ist die radioaktive Strahlenbelastung des Pilzes noch immer sehr hoch.

VORKOMMEN in Mitteleuropa in höheren Lagen verbreitet, in tieferen Lagen selten; Bergnadelwälder, unter Fichten, Tannen und Buchen; auf kalkhaltigen Böden

Der oben abgeplattete Fruchtkörper wird bei älteren Exemplaren ockerfleischfarben. Die Oberseite ist kahl und glatt.

GRÖSSE Fruchtkörper bis 6 cm breit, bis 10 cm hoch

MERKMALE Fruchtkörper jung blasslila, bald schmutzig ockerfleischfarben; jung abgeplattet keulenförmig oder mit leicht hochstehendem Rand, Randkante leicht wellig, bei älteren Exemplaren oft einseitig eingeschnitten; Oberseite ockerlich, kahl und glatt; Außenseite mit violetten gegabelten Runzeln oder Leisten. Stiel ocker- bis lilagrau; am Grund verjüngt, geht allmählich in den Hut über; Leisten laufen am Stiel herab. Fleisch ockergelblich, trocken weißlich; weich, zart, dickfleischig, wässrig marmoriert; Geruch unauffällig, Geschmack mild, ähnlich Pfifferling. Sporenpulver ockerbräunlich

VERWENDUNG essbar; wohlschmeckender, ergiebiger Speisepilz, aufgrund des weniger zähen Fleisches leichter verdaulich als Pfifferlinge; nur junge Fruchtkörper verwenden, wird im Alter bitter; sollte trotz des guten Geschmacks aber nicht gesammelt werden, da die Bestände stark abgenommen haben, steht deshalb in Deutschland unter Schutz

ÄHNLICHE ART Die ebenfalls essbare Gestutzte Keule (*Clavariadelphus truncatus)* ist stets ockerfarben und wächst in Laubwäldern.

BEOBACHTUNGS-/SAMMELZEIT

J	F	M	A	M	J	J	A	S	O	N	D

Typisch

Die Pilze wachsen einzeln oder büschelig verwachsen. Man findet sie in Reihen oder Hexenringen auf dem Boden.

Echter Pfifferling (§)

Cantharellus cibarius

Der Pfifferling verdankt seinen Namen seinem Geschmack nach Pfeffer, welcher sich allerdings beim Kochen verliert. Seine dottergelbe Farbe stand vermutlich Pate für den weiteren Namen Eierschwamm. Auf der Unterseite der Fruchtkörper stehen keine Lamellen, sondern mehrfach gegabelte Leisten.

VORKOMMEN in Europa weit verbreitet, lokal aber selten geworden; einzeln oder gesellig in Nadel- und Laubwäldern, gern in Moospolstern, bei Heidelbeeren; Mykorrhizapilz der Fichte und Kiefer; vor allem auf sauren Böden

GRÖSSE Stiel 1–6 cm lang, 0,8–2,5 cm Durchmesser; Hutdurchmesser 3–10 cm

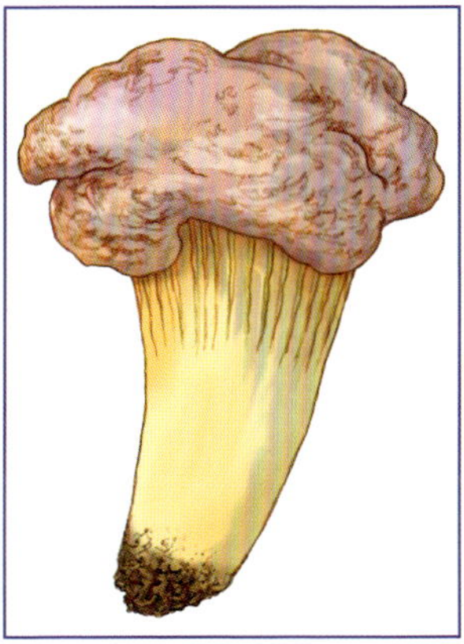

In höheren Lagen kann man gelegentlich Fruchtkörper mit violett gefärbten Hüten finden.

MERKMALE Hüte dotter- bis blassgelb; jung halbkugelig mit eingerolltem Rand, später trichterförmig, glatt, mit wellig verbogenem Rand; trocken, stumpf und matt. Leisten wie der Hut gefärbt; ca. 2 mm dick; oft gegabelt und mit Querverbindungen. Stiel dottergelb; wird nach oben dicker, geht allmählich in den Hut über; oft verbogen; glatt, vollfleischig. Fleisch weiß mit gelbem Rand; fest, im Stiel mehr oder weniger faserig; zäh; Geruch fruchtig nach Aprikosen oder Mirabellen, Geschmack des rohen Fleisches leicht pfefferig. Sporenpulver blass gelblich

VERWENDUNG essbar; guter Speisepilz, aber schwer verdaulich; hält sich roh einige Tage im Kühlschrank; nicht geeignet zum Trocknen und Einfrieren (wird bitter); der namengebende pfefferige Geschmack entsteht erst nach längerem Kauen des rohen Pilzfleisches

VERWECHSLUNGSGEFAHR mit dem ungenießbaren bis leicht giftigen Falschen Pfifferling (*Hygrophoropsis aurantiaca,* siehe Seite 176/177), dieser aber mit feinen Lamellen ohne Querverwachsungen und biegsamem Fleisch

ÄHNLICHE ART In Laubwäldern wächst der seltenere und kleinere Samtpfifferling (*Cantharellus friesii*), der sich durch seine samtige Hutoberseite und die intensivere Gelbfärbung vom Echten Pfifferling unterscheidet.

Typisch

Die Leisten auf der Hutunterseite laufen weit am Stiel herab. Sie sind dicklich, mehrfach gegabelt, unregelmäßig wellig und weisen Querverwachsungen auf.

BEOBACHTUNGS-/SAMMELZEIT

J	F	M	A	M	J	J	A	S	O	N	D

Totentrompete

Craterellus cornucopioides

Die Totentrompete verdankt der rußschwarzen Färbung und der Trompetenform ihren deutschen Namen. Die Form kommt auch im wissenschaftlichen Namen zum Ausdruck: Craterellus *bedeutet kleiner Krater,* cornu *– der erste Teil des Artnamens – heißt Horn oder Trompete. Trotz der fehlenden Leisten auf der Außenseite ist die Art nah verwandt mit dem Echten Pfifferling.*

VORKOMMEN in Europa weit verbreitet, häufig, Bestände nehmen jedoch lokal ab; Laub- und Mischwälder ab der mittleren Gebirgslagen, im Flachland selten; Mykorrhizapilz vor allem der Rotbuche, auch der Eiche und Hainbuche; auf Kalk oder Lehm

GRÖSSE Fruchtkörper 5–12 cm hoch, Durchmesser 2–6 (–8) cm

Der Rand der Fruchtkörper kann bei älteren Exemplaren eingerissen oder wellig gelappt sein.

MERKMALE Fruchtkörper oberseits rußgrau bis braunschwarz, Unterseite hell- bis dunkelgrau; bereits jung trompetenförmig, tiefer Trichter; jung mit eingerolltem Rand, später Rand abwärts gebogen; Oberseite leicht fein geflockt oder samtig-schuppig, bei Trockenheit etwas fleckig hellgrau; unterseits glatt bis wenig runzelig, bisweilen undeutlich längsadrig, aber keine Leisten. Stiel schwarzgrau, heller als der Hut; durch Trichterform hohl; verjüngt sich nach unten, geht in den Fruchtkörper über. Fleisch dunkelgrau; relativ elastisch, mit 1–2 mm sehr dünn; jung brüchig, im Alter zäh; Geruch aromatisch nach Erde, Geschmack mild, unauffällig. Sporenpulver weiß

VERWENDUNG jung essbar; wird beim Kochen zäh, eignet sich deshalb nur zu Mischgerichten; lässt sich leicht trocknen, ergibt pulverisiert ein gutes Würzpulver, das beim Kochen sein Aroma entfaltet

ÄHNLICHE ART Der Graue Leistling (*Cantharellus cinereus*) ist ebenfalls essbar und dunkel gefärbt, aber kleiner und hat Leisten an der Außenseite; er wächst auch unter Rotbuchen.

BEOBACHTUNGS-/SAMMELZEIT

J	F	M	A	M	J	J	A	S	O	N	D

Typisch

Obwohl die Totentrompete in dichten Büscheln in der Laubstreu wächst, fällt sie kaum auf.

Habichtspilz (🍴)

Sarcodon imbricatus

Weil der sparrig geschuppte Hut Ähnlichkeit mit der tropfenförmigen Musterung auf dem Brustgefieder junger Habichte hat, wurde die Art Habichtspilz genannt. Als Fruchtschicht bildet der Habichtspilz weder Lamellen noch Röhren: Die Sporen entwickeln sich bei ihm auf den Stacheln auf der Unterseite des Hutes.

VORKOMMEN in ganz Europa, Bestände nehmen ab; wächst häufig in größeren Gruppen, in Hexenringen oder Reihen vor allem in alpinen Nadelwäldern; Mykorrhizapilz der Kiefer und Fichte; auf Kalk

GRÖSSE Stiel 5–8 cm lang, Durchmesser bis 3 cm; Hutdurchmesser bis 30 cm, vereinzelt auch größer

Kennzeichen des ungenießbaren Gallen-Stachelings ist neben der stacheligen Fruchtschicht die schwärzliche Stielbasis.

MERKMALE Hut graubraun bis rötlich braun, mit groben, an der Spitze dunkleren, aufgerichteten Schuppen bedeckt, die mehr oder weniger kreisförmig angeordnet sind und zum Hutrand hin kleiner werden und dichter stehen; jung gewölbt, am Rand eingerollt, später flach ausgebreitet, alt trichterförmig mit bis zum Stiel vertiefter Mitte; Huthaut trocken matt. Stacheln weißgrau, später graubraun bis purpurbraun; dicht stehend, laufen am Stiel herab; bis 1 cm lang; brechen leicht. Stiel hell, nach unten bräunlich; mit oft verdickter Basis, dadurch keulig-bauchige Form; ist auffallend kurz, sitzt oft seitlich von der Mitte; voll, fest. Fleisch schmutzig weiß bis graubräunlich; fest, zäh; Geruch würzig, Geschmack junger Pilze mild, im Alter bitter bis scharf. Sporenpulver bräunlich

VERWENDUNG bedingt genießbar; muss frisch zubereitet gut erhitzt werden, kann ungenügend erhitzt zu Verdauungsstörungen führen; junge Pilze ergeben getrocknet und zerrieben ein gutes, aromatisches Würzpulver

VERWECHSLUNGSGEFAHR
mit dem ungenießbaren Gallen-Stacheling (*Sarcodon scabrosus*, siehe Foto oben); dieser kommt aber eher in Laubwald vor, hat eine schwärzliche Stielbasis, einen feiner geschuppten Hut und riecht intensiv nach Mehl

BEOBACHTUNGS-/SAMMELZEIT

J	F	M	A	M	J	J	A	S	O	N	D

Typisch

Alte Exemplare des Habichtspilzes sind dunkler als junge, weil die Schuppen auf dem Hut schwarzbraun werden und dann wie angesengt aussehen (Foto).

Semmelstoppelpilz

Hydnum repandum

Gern wird der Semmelstoppelpilz aufgrund seiner Färbung mit dem Pfifferling verwechselt. Auf der Unterseite des Hutes trägt er allerdings Stacheln, die optisch an ein Stoppelfeld erinnern. Leider reichert der Semmelstoppelpilz Cäsium in seinen Zellen an, darunter auch radioaktives aus Kernkraftwerken. Seit dem Unfall in Tschernobyl sind die Pilze gebietsweise immer noch stark belastet.

VORKOMMEN in Mitteleuropa lokal häufig; wächst gesellig in der Nadel- oder Laubstreu in Laub- und Nadelwäldern; Mykorrhizapilz von Laub- und Nadelbäumen, häufig der Fichte und der Rotbuche; auf Kalk, meidet sauren Boden

GRÖSSE Stiel 3–6 cm lang, 1–2,5 cm Durchmesser; Hutdurchmesser 3–12 cm

Das Fleisch ist weiß. Der stämmige Stiel ist im Verhältnis zum Hut relativ kurz.

MERKMALE Hut semmelgelb, seltener auch intensiver orange; anfangs stärker gewölbt, später flach ausgebreitet bis in der Mitte leicht trichterig vertieft; unregelmäßig geformt bis wellig verbogen oder höckerig; Hutrand bei jungen Exemplaren eingerollt; Hutoberseite jung samtig matt, später kahl. Stacheln cremeweiß bis hellorangefarben; laufen oft am Stiel herab; 2–8 mm lang, spitz; gedrängt stehend; lassen sich leicht ablösen; werden bei alten Exemplaren brüchig. Stiel weißlich bis cremeorange, heller als der Hut; oft verbogen, an der Basis meist abgerundet bis leicht verdickt; mittig oder etwas seitlich sitzend; geht übergangslos in den Hut über; glatt, voll. Fleisch weiß bis cremegelb; dick, im Hut weicher, im Stiel bald zäh, brüchig; Geruch aromatisch nach Pilz, Geschmack mild bis etwas scharf. Sporenpulver weiß

VERWENDUNG essbar; nur junge Fruchtkörper verwenden, ältere Pilze werden bitter; für alle Zubereitungsarten geeignet; nicht einfrieren, wird dann zäh und bitter

BEOBACHTUNGS-/SAMMELZEIT

J	F	M	A	M	J	J	A	S	O	N	D

Typisch

Die Kombination aus Stoppeln und an Schnittstellen gelb werdendem Fleisch macht den Pilz unverkennbar. Er wächst gern in Hexenringen oder Gruppen, oft sind die Fruchtkörper zu mehreren verwachsen.

Flaschen-Stäubling

Lycoperdon perlatum

Die bis 7 cm großen, an ihrer breitesten Stelle ca. 3 cm messenden Flaschenstäublinge werden auch Flaschenbovist genannt. Bei den Stäublingen sind die Jungpilze weiß und haben festes Fleisch. Während der Reife wird ihre Haut papierdünn, bekommt eine bräunliche Farbe und reißt am Scheitelpunkt auf. Durch diese Öffnung entweichen bei Berührung des Pilzes die im Inneren gebildeten pulverförmigen Sporen und werden mit dem Wind verbreitet. Bereits der Aufprall eines Regentropfens reicht, dass die Sporen stäuben.

BEOBACHTUNGS-/SAMMELZEIT

J	F	M	A	M	J	J	A	S	O	N	D

Vom Flaschenstäubling unterscheidet sich der Birnen-Stäubling durch die feinstacheligere Außenhaut.

Die dicht stehenden Warzen auf dem Oberteil junger Pilze sind ihrerseits mit feinen Warzen umgeben.

VORKOMMEN über die ganze Nordhalbkugel verbreitet, häufig; wächst oft in Gruppen in Wäldern aller Art vom Flachland bis ins Gebirge, kommt auch außerhalb von Wäldern vor; Saprobiont auf dem Boden

GRÖSSE Länge 3–7 (–10) cm, Durchmesser bis 3 cm

MERKMALE Fruchtkörper jung weiß, später bräunlich; im oberen Bereich kugelförmig, Oberfläche bei jungen Exemplaren mit groben, 2 mm langen, spitzen Warzen besetzt, bei älteren ohne Warzen; im unteren Bereich stielartig ausgezogen; an der zugespitzten Basis mit Falten. Fleisch junger Pilze weiß und fest, später gelblich bis oliv und breiig, dann wieder trocken und pulverförmig (= Sporen); Geruch leicht unangenehm, stechend, Geschmack mild. Sporenpulver olivbraun

Typisch

Der Form einer umgedrehten Flasche verdankt der Flaschenstäubling seinen Namen. Die Oberseite junger Pilze ist dicht mit spitzen Warzen besetzt.

VERWENDUNG essbar, solange das Fleisch weiß und schnittfähig ist – das gilt für alle Stäublinge; lässt sich gut braten

ÄHNLICHE ART Der Birnen-Stäubling (*Lycoperdon pyriforme*, siehe Foto oben links) hat, wie der Name besagt, einen birnenförmigen Fruchtkörper, seine Außenhaut ist feinstachelig. Trotz seines unangenehmen Geruchs ist er jung essbar.

Kartoffelbovist †

Scleroderma citrinum

Der Kartoffelbovist verdankt seinen Namen den knollen- bis keulenförmigen Fruchtkörpern, die nicht nur wegen ihrer fast kugeligen Form und grob gefelderten und geschuppten Oberfläche, sondern auch wegen ihres Gewichts und der Härte an mittelgroße Kartoffeln erinnern. Diese runde Form ist der Hauptunterschied zu den ansonsten sehr ähnlichen Stäublingen. Auf Kartoffelbovisten wächst der seltene Parasitische Röhrling (Xerocomus parasiticus). *Er ist trotz der giftigen Unterlage essbar.*

VORKOMMEN in ganz Europa weltweit verbreitet, lokal sehr häufig; Laub- und Nadelwälder mit sandigen und moorigen Böden, auch

Parks und Gärten; Mykorrhizapilz der Birke und Kiefer; auf sauren Böden

GRÖSSE Fruchtkörper 3–10 (–15) cm, oft breiter als hoch

MERKMALE Fruchtkörper mit hellbeigefarbener, gelblicher oder ockerbrauner Oberfläche, grob gefeldert oder mit bräunlichen Warzen oder Schuppen; rundlich-knollenförmig bis keulig; derbe weiße Außenhaut bis 5 mm dick. Stiel fehlend oder sehr kurz; am unteren Ende des Fruchtkörpers helle, gelblich weiße Myzelstränge im Substrat. Fleisch bei ganz jungen Pilzen weißlich, bald gelblich, älter schiefer- bis purpurgrau gesprenkelt, bei reifen Pilzen schwarz und watteartig zerfallend; fest und schwer; Geruch stechend metallisch, erinnert an Leuchtgas. Sporenpulver olivbraun

VERWENDUNG giftig; führt nach Genuss größerer Mengen innerhalb von 30 Minuten bis zu 3 Stunden zu erheblichen Magen-Darm-Beschwerden

ÄHNLICHE ART Der sehr ähnliche Dünnschalige Kartoffelbovist (*Scleroderma verrucosum*) bleibt etwas kleiner, hat feiner geschuppte Fruchtkörper und eine dünnere Außenhaut.

BEOBACHTUNGS-/SAMMELZEIT

J	F	M	A	M	J	J	A	S	O	N	D

Typisch

Eine Verwechslung mit essbaren Stäublingen und Bovisten ist trotz der manchmal ähnlichen Form kaum möglich, da selbst junge Kartoffelboviste eine relativ harte Außenschicht haben.

Riesenbovist

Calvatia/Langermannia gigantea

Der Riesenbovist ist das Schwergewicht unter den einheimischen Pilzen. Ein einziger Fruchtkörper kann bis 25 kg auf die Waage bringen. In der Volksmedizin verwendete man die Sporenmasse zum Verschließen von Wunden, weshalb er auch Wundschwamm hieß. Die antibakterielle und fungizide Wirkung wurde auch durch neuere Forschungen bestätigt.

VORKOMMEN in Mitteleuropa zerstreut, aber relativ häufig; lichte Wälder, Weiden, Wiesen, Streuobstwiesen, Parks und Grünflächen, Gebüsche; Saprobiont auf stickstoffreichen, gut gedüngten Böden, auch auf Klärschlamm

Im Inneren der riesigen Fruchtkörper reifen einige Billionen Sporen. Deren wundheilende Wirkung war bereits im Mittelalter bekannt.

GRÖSSE Fruchtkörper 20–60 cm im Durchmesser; in der Regel bis 10 kg schwer

MERKMALE Fruchtkörper junger Exemplare mit weißer, glatter bis feinfilziger, lederartiger Außenhülle, bei älteren Exemplaren ockergelb bis olivbraun, blättert in großen Stücken ab und gibt die darunter liegende Sporenmasse, die sich im Inneren des Fruchtkörpers gebildet hat, frei; kugelförmig, mehr breit als hoch; Basis ohne Stiel, meist etwas faltig zusammengeschnürt, mit dicken Myzelsträngen; nur kleiner steriler Bereich. Fleisch jung fest und durchgehend weiß, alt olivbraun und pulverig; Geruch alter Fruchtkörper unangenehm nach Urin, Geschmack jung mild. Sporenpulver olivbraun

VERWENDUNG essbar, solange innen weiß; ergiebiger Speisepilz; kann in Scheiben geschnitten und wie Schnitzel paniert werden, muss aber wegen des fehlenden Eigengeschmacks gut gewürzt werden; lässt sich roh einfrieren

ÄHNLICHE ART Der Riesenbovist ist aufgrund seiner Größe unverwechselbar. Kleinere Exemplare können dem ebenfalls essbaren Hasenbovist (*Calvatia utriformis*) ähneln, dieser bleibt aber kleiner und wächst auf weniger nährstoffreichen Böden.

BEOBACHTUNGS-/SAMMELZEIT

J	F	M	A	M	J	J	A	S	O	N	D

Typisch

Während der Reifung blättert die Außenhülle in großen Stücken ab. Danach zerfällt der Fruchtkörper in die Sporenmasse, die entweder vom Wind verstreut oder von Tieren verbreitet wird.

Fransen-Erdstern (🍴)

Geastrum sessile/fimbriatum

Erdsterne (Gattung Geastrum*) haben zwei Hüllen. Nach der unterirdisch stattfindenden Entwicklung schiebt sich der Fruchtkörper nach oben. Die äußere Hülle reißt dann sternförmig vom Scheitel her auf und gibt ein kugeliges Gebilde frei, das von der zweiten Hülle umschlossen ist. Im Inneren der Sporenkugel entwickeln sich die Sporen. Bei Reife werden sie durch eine kleine Öffnung an der Spitze der Kugel entlassen.*

VORKOMMEN weit verbreitet und lokal häufig; wächst einzeln oder gesellig in Laub- und Nadelwäldern entlang von Wegen, gern bei Fichten; auf Kalk

GRÖSSE Durchmesser des unentfalteten Fruchtkörpers 2–3 cm, nach dem Entfalten 6–7 cm; Sporenkugel 2 cm Durchmesser

Die Spitze der aufplatzenden Sporenkugel ist wie ein kleiner ausgefranster Kegel geformt. Deshalb heißt die Art Fransen- oder auch Gewimperter Erdstern. Im Inneren der Kugel entwickeln sich die Sporen.

MERKMALE Fruchtkörper jung weißlich grau; Außenhülle 1–2 mm dick, reißt bei Reife in bis zu 10 blass graubraune bis cremefarbene Lappen auf, die sich sternförmig flach um die Sporenkugel legen; rollen sich später nach unten um; Sporenkugel blassbraun, sitzt im Zentrum des Sterns. Fleisch der Sporenkugel bei jungen Exemplaren weiß und fest, wird bald graubraun mit dünner Haut, zerfällt in eine wattige, pulverige Sporenmasse. Sporenpulver hellbraun

VERWENDUNG ungenießbar

ÄHNLICHE ART Ebenfalls weit verbreitet in Laub- und Nadelwäldern ist der Rötende Erdstern (*Geastrum rufescens*). Der seltenere Halskrausen-Erdstern (*Geastrum triplex*) kann mit dem Fransen-Erdstern verwechselt werden, solange er noch nicht seine Halskrause ausgebildet hat.

BEOBACHTUNGS-/SAMMELZEIT

J	F	M	A	M	J	J	A	S	O	N	D

Typisch

Die sternförmig nach außen geklappten Lappen der Außenhülle biegen sich noch einmal nach unten, dadurch heben sie die Sporenkugel hoch.

Tintenfischpilz (🍴)

Clathrus archeri

Dieser entfernt an eine Blume oder einen Tintenfisch erinnernde Pilz kam Anfang des 20. Jahrhunderts vermutlich mit Wollimporten aus Australien nach Europa. Der Tintenfischpilz entwickelt seinen Fruchtkörper innerhalb einer runden bis ovalen, gallertartigen Kugel, dem Hexenei. Wenn die Außenhaut des Eies am Scheitel platzt, wird der Fruchtkörper aus der Erde gehoben, und die sternförmig zugespitzten Arme können sich entfalten.

VORKOMMEN in ganz Europa weit verbreitet; einzeln bis gesellig in Laub- und Nadelwäldern, an Waldrändern, in Parks, auf Wiesen, Weiden; Saprobiont am Boden an warmen Stellen

Das Hexenei bricht im Zuge der Reifung am oberen Ende auf. Der Fruchtkörper schiebt sich dann heraus.

GRÖSSE Stiel 2–5 cm hoch; Durchmesser des Hexeneies bis 4 cm, mit ausgebreiteten Armen 12–15 cm

MERKMALE Hexenei knollenförmig, außen grauweiß, Myzelstränge am Grund, innerhalb der derben Außenhaut befindet sich eine Gallertschicht, die den Fruchtkörper umschließt und vor dem Austrocknen schützt. Fruchtkörper mit 4–6 außen blass rötlichen, innen intensiv roten Armen; Oberfläche netzig-grubig, von einer olivbraunen, stinkenden Masse bedeckt; sobald die Sporenmasse von den Insekten abgeleckt ist, erkennt man die rote Farbe der »Arme«. Stiel kurz, weißlich; röhrenförmig. Fleisch der Arme und des Stiels porös und schwammig-brüchig; Geruch nach Aas und Kot. Sporenmasse olivbraun

VERWENDUNG ungenießbar

BEOBACHTUNGS-/SAMMELZEIT

J	F	M	A	M	J	J	A	S	O	N	D

Typisch

Der aasartige Geruch lockt Aasfliegen und Mistkäfer an, die den schleimigen Überzug, in dem die Sporen eingebettet sind, auflecken. Sie verbreiten dadurch die Sporen des Pilzes.

Stinkmorchel

Phallus impudicus

Wie der Tintenfischpilz (siehe Seite 225/229) startet auch die Entwicklung der Stinkmorchel in einem Hexenei im Boden. In der Reifezeit des Pilzes erscheint der Scheitel des Eis am Waldboden, die äußere Hülle reißt auf und innerhalb von wenigen Stunden schiebt sich der Stiel mit aufsitzendem Hut zu voller Länge heraus.

Die wabenartig gekammerte Struktur des Hutes sieht man, wenn die Insekten die stinkende Sporenmasse abgeleckt haben.

VORKOMMEN in ganz Europa weit verbreitet, oft schon im Frühsommer, in feuchtwarmen Sommern besonders häufig; gesellig in kleinen Gruppen in Laub- und Nadelwäldern, Parks und Gärten

GRÖSSE Stiel 10–20 cm lang, 3 cm Durchmesser; Hexenei 3–6 cm Durchmesser

MERKMALE Hexenei mit weißlicher bis schmutzig cremefarbener Außenhaut; kugelig bis eiförmig, an der Basis mit zähen, weißen Myzelsträngen. Hut sitzt wie ein Fingerhut dem Stiel auf; hat Gitterstruktur, die von einer nach Aas und Kot stinkenden, olivbraunen bis braungrünen schleimigen Masse bedeckt ist (Geruch ist noch in 20 m Entfernung wahrnehmbar); Hutmitte ist durchbohrt. Stiel weißlich; hohl; mit löchrig-grubiger Oberfläche; steckt am unteren Ende in den Resten des Hexeneies. Fleisch brüchig, am Stiel porös; Geruch des Hexeneies nach Rettich. Sporenmasse olivschwarz

VERWENDUNG ungenießbar; es gibt Liebhaber, die die Gallerthülle des Hexeneies entfernen und den Rest im Ganzen braten

ÄHNLICHE ART Die ebenfalls ungenießbare Dünen-Stinkmorchel (*Phallus hadriani*) wächst in Dünen. Sie hat ein violettbraunes Hexenei.

BEOBACHTUNGS-/SAMMELZEIT

J	F	M	A	M	J	J	A	S	O	N	D

Typisch

Unter der festeren Außenhaut des Hexeneies liegt eine Gallertschicht. Im Zentrum befindet sich der poröse Stiel, der Rest des Hexeneies ist mit Sporenmasse ausgefüllt, die nach dem Aufbrechen den Hut bedeckt.

Judasohr

Auricularia auricula-judae

Das Judasohr ist einer der ältesten Kulturspeisepilze der Welt und wird in China und Japan als Heilpilz zur Leistungssteigerung gezüchtet. Bei uns kennen ihn die meisten als typische Zutat in asiatischen Gerichten. In Asia-Märkten ist er als Mu-Err oder chinesische Morchel erhältlich, obwohl er mit den Morcheln nicht verwandt ist.

Typisch

Die filzige Außenseite der Fruchtkörper kann durch weißen Sporen wie von hellem Reif überzogen wirken.

BEOBACHTUNGS-/SAMMELZEIT

J	F	M	A	M	J	J	A	S	O	N	D

Der Gezonte Ohrlappenpilz sitzt mit breitem Stiel seiner Unterlage auf. Er gedeiht auf Laubbäumen.

Beim Judasohr sitzen die schüsselförmigen Fruchtkörper dem Holz mit einem winzigen Stiel auf.

VORKOMMEN in Europa weit verbreitet; wächst in dichten Gruppen als Schwächeparasit auf altem oder totem Holz von Laubbäumen, etwa auf Schwarzem Holunder (daher auch der Name Holunderschwamm)

GRÖSSE Fruchtkörper bis 7 cm hoch, Durchmesser 4–12 cm

MERKMALE Fruchtkörper mit dunkel graubrauner bis purpurschwarzer, glatter, von Nerven und Leisten durchzogenen Innenseite (hier werden die Sporen gebildet), mit gräulich brauner, filziger oder fein samtiger bis körniger Außenseite; jung becher- bis schüsselförmig, unregelmäßig gelappt oder (später) ohrförmig. Stiel sehr kurz oder Fruchtkörper sitzt direkt dem Holz auf. Fleisch frisch braun, zäh und gallertig weich, schrumpft beim Trocknen, dann dunkelbraun und knorpelig hart; bis 2 mm dick; Geruch und Geschmack unauffällig. Sporenpulver weiß

VERWENDUNG essbar; trotz des Namens »chinesische Morchel« erinnert er im Geschmack nicht an Morcheln; ist getrocknet erhältlich, quillt bei Wasserzugabe wieder zur ursprünglichen Form auf

VERWECHSLUNGSGEFAHR mit dem ungenießbaren Gezonten Ohrlappenpilz (*Auricularia mesenterica*), dieser ist aber oberseits zottig behaart, hat 5 mm dickes Fleisch und eine breite Ansatzstelle

Speisemorchel (§)

Morchella esculenta

Die Speisemorchel wächst häufig an grasigen, krautreichen Stellen und ist darum nur schwer zu finden. Die Suche lohnt sich aber, denn Speisemorcheln sind nach den Trüffeln mit die begehrtesten Speisepilze. Obwohl zu den Schlauchpilzen gehörend, haben die Morcheln (Gattung Morchella*) als gemeinsames Kennzeichen die Aufteilung des Fruchtkörpers in Hut und Stiel sowie einen Hut, in dessen wabenartigen Strukturen sich die Sporen entwickeln.*

VORKOMMEN zerstreut, aber relativ häufig, vor allem bei geeigneter Witterung, etwa nach warmem Regen; Laub- und Mischwälder, Auwälder und bachbegleitende Gehölze, Bach- und Teichränder, auch in Gärten und Parks; Saprobiont am Boden, oft unter Eschen; auf Kalk

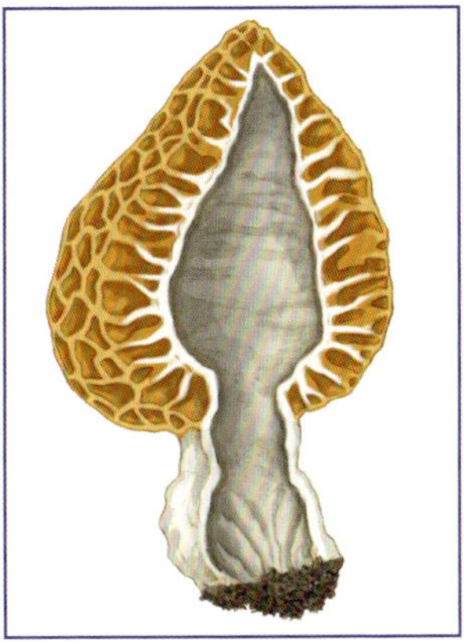

Hut und Stiel sind innen hohl. Im Anschnitt erkennt man die wellig gebogene, oft eingedrückte Form des Stiels.

GRÖSSE Stiel bis 8 cm lang, 2–3 cm Durchmesser; Hut bis 7 cm hoch, bis 5 cm Durchmesser

MERKMALE Hut hellbeige bis ocker, selten auch gräulich; rundlich, ei- bis kegelförmig; hohl; mit wabenartigen Vertiefungen durch unregelmäßig verteilte und gestaltete Rippen, aufgrund der wabenartigen Struktur des Hutes vergrößert sich dessen Fläche und infolge auch die Fruchtschicht, es können mehr Sporen gebildet werden; sporentragende Fruchtschicht im Inneren der Waben. Stiel weiß oder cremefarben; nach unten etwas verdickt; grubig-wellig verbeult, oft eingedrückt; hohl; Oberfläche feinfilzig oder kahl. Fleisch weißlich; brüchig, wachsartig weich, dünn; Geruch angenehm würzig, Geschmack aromatisch. Sporenpulver cremefarben

VERWENDUNG essbar; sehr guter Speisepilz; für alle Zubereitungsarten verwendbar, auch zum Trocknen; nur junge Pilze sammeln, ältere Exemplare können zu Verdauungsstörungen führen; vor der Verarbeitung gründlich reinigen, denn in den Waben verstecken sich Kleintiere sowie Reste aus der Umgebung des Pilzes

VERWECHSLUNGSGEFAHR mit der sehr giftigen Frühjahrslorchel (*Gyromitra esculenta*, siehe Seite 238/239), diese wächst aber vor allem in Kiefernwäldern

BEOBACHTUNGS-/SAMMELZEIT

J	F	M	A	M	J	J	A	S	O	N	D

Typisch

Der Hutrand ist mit dem Stiel verwachsen. Der eher rundlichen Form des Hutes verdankt die Speisemorchel den weiteren Namen Rundmorchel.

Spitzmorchel (§)

Morchella conica

Wie alle Morcheln (Gattung Morchella) ist auch die Spitzmorchel ein bodenbewohnender Fäulniszersetzer (Saprobionten) und wächst gern an Holzlagerstätten und an mit Rindenmulch abgedeckten Stellen. Aus diesem Grund kann man sie auch in Gärten und Parkanlagen finden. Alle heimischen Morchelarten sind geschützt.

VORKOMMEN in Europa vom Flachland bis ins Hochgebirge verbreitet, stellenweise häufig; Nadel- und Laubwälder, Auwälder, an Wald- und Wegrändern, auf Kahlschlägen, Holzlagerstellen, frischen Brandstellen, Rindenmulch; auf Kalk

GRÖSSE Stiel 2–8 cm lang, 1–3 cm Durchmesser; Hut 4–10 cm hoch, Durchmesser 2–5 cm

MERKMALE Hut braun, selten ockerfarben, bei älteren Exemplaren dunkel- bis schwarzbraun; spitzkegelig bis walzenförmig, gelegentlich auch oval; hohl; Oberfläche durch fast parallel verlaufende Längsleisten und kurze Querrippen mit regelmäßiger wabenartiger Struktur; Fruchtschicht in den Waben; Hutkante mit dem Stiel verwachsen. Stiel weißlich bis cremebraun; zylindrisch, mit unregelmäßig verbreiterter Basis; unregelmäßig verbogen, gedrückt, kürzer als der Hut; hohl; glatt bis kleiig bereift. Fleisch weißlich bis cremebraun; ziemlich dünn, brüchig, elastisch; Geruch unauffällig, Geschmack angenehm, mild. Sporenpulver blass cremefarben

VERWENDUNG essbar; ähnlich gut wie Speisemorchel; empfindliche Menschen sollten den Pilz gut garen, wenig davon essen oder vor dem Zubereiten abkochen und das Kochwasser wegschütten, denn Magen-Darm-Beschwerden sind bekannt geworden; lässt sich auch trocknen; da die Morcheln selten geworden sind und unter Schutz stehen, sollte man sie nicht sammeln

VERWECHSLUNGSGEFAHR mit der sehr giftigen Frühjahrslorchel (*Gyromitra esculenta,* siehe Seite 238/239)

BEOBACHTUNGS-/SAMMELZEIT

J	F	M	A	M	J	J	A	S	O	N	D

Typisch

Im Gegensatz zur Speisemorchel (siehe Seite 234/235) *weist der Hut der Spitzmorchel fast parallel verlaufende Längsleisten und viele kurze Querrippen auf.*

Frühjahrslorchel ☠

Gyromitra esculenta

Der wissenschaftliche Artname esculenta *bedeutet essbar, und tatsächlich galt die giftige Frühjahrslorchel früher als geschätzter Speisepilz, der gekocht oder getrocknet gegessen wurde. Bis vor einigen Jahren konnte man sie sogar noch auf Märkten kaufen. Grund dafür, dass nicht so häufig Vergiftungen auftreten, ist ein leicht flüchtiges Gift, das dem Pilz während des Kochprozesses entzogen wird. Allerdings kann bereits das Einatmen der Kochdämpfe zu Vergiftungserscheinungen führen.*

VORKOMMEN in Mitteleuropa weit verbreitet, lokal häufig; Kiefernwald, an lichten, besonnten Stellen, Kahlschläge, Parks, auf Rindenmulch auch in Gärten; Saprobiont am Boden; bevorzugt saure, sandige Böden

Der Stiel ist mit dem Hutrand verwachsen. Im Alter weist er hohle Kammern auf.

GRÖSSE Stiel 2–5 cm lang, 1,5–3 cm Durchmesser; Hutdurchmesser 3–8 cm

MERKMALE Hut hell oder dunkel rotbraun bis schwarzbraun; wachsartig; rundlich; abgerundete gehirnartige oder labyrinthartige Windungen; im Inneren mit unregelmäßigen Hohlräumen, aber nicht völlig hohl; am Stielansatz in unregelmäßigen Lappen angewachsen. Stiel weißlich, oft fleischfarben überhaucht; kürzer als der Hut; oft flachgedrückt, deutlich verbogen, grubig oder längsfaltig bis -rippig; an der Basis und oben oft angeschwollen; jung voll, ältere Exemplare innen mit hohlen Kammern, aber nicht völlig hohl. Fleisch weißlich; im Hut brüchig, wachsartig, im Stiel zäh-elastisch; dünn; Geruch aromatisch würzig, Geschmack mild. Sporenpulver weißlich

VERWENDUNG giftig, Todesfälle sind bekannt; das Gift, das dem des Grünen Knollenblätterpilzes ähnelt, greift Leber und Nieren an; der Pilz kann selbst gekocht noch Allergien auslösen

VERWECHSLUNGSGEFAHR mit den essbaren Arten Speisemorchel (*Morchella esculenta*, siehe Seite 234/235) und Spitzmorchel (*Morchella conica*, siehe Seite 236/237), diese aber mit wabenartig gekammertem Hut

BEOBACHTUNGS-/SAMMELZEIT

J	F	M	A	M	J	J	A	S	O	N	D

Typisch

Von den Morcheln unterscheidet sich die Frühjahrslorchel durch die hirnartige Struktur des Hutes und den noch früheren Erscheinungstermin (Name!).

Herbstlorchel (🍴)

Helvella crispa

Dieser bizarr geformte Pilz wird auch Krause Lorchel genannt, obwohl sein Hut weniger stark gewunden ist als der der Frühjahrslorchel (siehe Seite 238/239). Unter dem Gattungsnamen Helvella *werden die Sattellorcheln zusammengefasst, zu denen nicht nur Fruchtkörper mit sattelförmigem Hut und geripptem oder ungeripptem Stiel gehören, sondern auch becherförmige oder anders geformte Pilze.*

VORKOMMEN weit verbreitet vom Flachland bis ins Hochgebirge, gebietsweise häufig; einzeln oder gesellig in Laub- und Mischwäl-

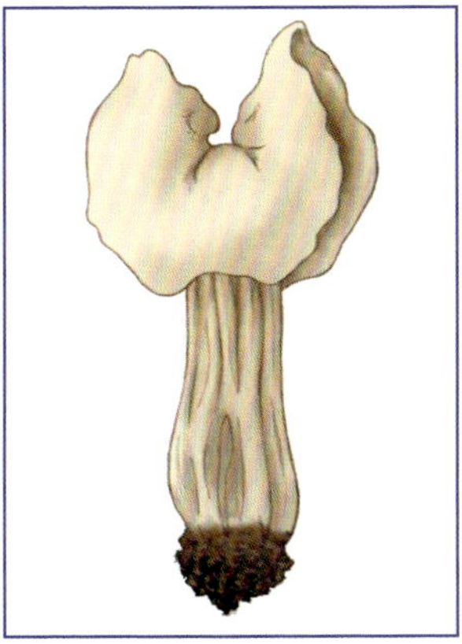

Der tiefen Längsfurchen sind oft quer miteinander verbunden und dadurch längs gekammert.

dern, an Wald- und Wegrändern, in Parks und Gärten; Saprobiont am Boden, oft auf gras- oder moosbewachsenen Flächen; manchmal an stickstoffreicheren Stellen

GRÖSSE Stiel 4–8 cm lang, Durchmesser 1–3 cm; Hut bis 5 cm hoch, Durchmesser bis 5 cm, vereinzelt auch größer

MERKMALE Hut oberseits weißlich grau bis schmutzig cremeweiß oder hellbräunlich, glatt, unterseits weißlich, fein samtig oder flaumig; sattelförmig oder mit 2–3 unregelmäßig geformten, krausen Lappen, die aufrecht, abstehend oder gefaltet sein können und nicht mit dem Stiel verwachsen sind. Stiel weißlich; mehr oder weniger gerade, auch gedreht, verjüngt sich nach oben etwas; gefurcht; hohl. Fleisch weißlich; im Hut brüchig, im Stiel zäh und elastisch; Geruch jung unauffällig, alte Pilze riechen süßlich, Geschmack unauffällig. Sporenpulver weißlich

VERWENDUNG ungenießbar; junge Pilze gelten gut abgekocht als essbar, vom Verzehr wird jedoch abgeraten

VERWECHSLUNGSGEFAHR mit hellstieligen Exemplaren der bedingt essbaren Gruben-Lorchel (*Helvella lacunosa*), diese kommt ebenfalls im Herbst an ähnlichen Standorten vor, hart aber einen dunklen Hut

Typisch

Der sattelförmige Hut dieses typischen Herbstpilzes ist unregelmäßig gelappt und gefurcht sowie weißlich grau gefärbt (siehe Foto links).

BEOBACHTUNGS-/SAMMELZEIT

J	F	M	A	M	J	J	A	S	O	N	D

Gewöhnlicher Orangebecherling (🍴)

Aleuria aurantia

BEOBACHTUNGS-/SAMMELZEIT

J	F	M	A	M	J	J	A	S	O	N	D

Die große Gruppe der Becherlinge ist nach der Schalen- oder Becherform der Fruchtkörper benannt. Zu ihr gehören mehrere Familien. Viele Becherlinge, darunter auch der Orangebecherling, präsentieren sich in leuchtenden Farben. Die Außenseite der Fruchtkörper ist in der Regel mehlig bereift.

VORKOMMEN in Deutschland weit verbreitet und nicht selten; auf nackten Humusböden, auch auf frisch aufgeschütteten Waldwegen in Laub- und Nadelwäldern, an Wegrändern und Böschungen, auch in Gärten und Parks; Saprobiont am Boden; auf Lehm und Kalk

Der ungenießbare Leuchtende Prachtbecherling ist eine Frühjahrsart. Im Alter wird sie grünlicher.

GRÖSSE Fruchtkörper (2–)5–10 cm breit, bis 4 cm hoch

MERKMALE Fruchtkörper mit glatter Innenseite, dort leuchtend rotorange, feucht glänzende Fruchtschicht, mit hell cremerosa gefärbter, mehlig bereifter Außenseite, diese feinkleiig; jung becher- bis schüsselförmig, später flach ausgebreitet, unregelmäßig wellig gebogen, gelappt; Rand glatt, dünn, bisweilen eingerissen. Fleisch hell; wachsartig, brüchig, dünn; Geruch und Geschmack unauffällig. Sporenpulver weiß

VERWENDUNG bedingt essbar; ist wegen des dünnen Fleisches wenig ergiebig; kann gekocht und als Salatpilz gegessen werden; wird auch kandiert gereicht; kann Magen-Darm-Probleme bereiten

VERWECHSLUNGSGEFAHR mit dem ungenießbaren Leuchtenden Prachtbecherling (*Caloscypha fulgens*), dieser erscheint aber im Frühjahr in montanen Nadelwäldern und ist gelborange

Typisch

Der Gewöhnliche Orangebecherling kommt häufig dicht gedrängt wachsend vor. Dadurch sind die becherförmigen Fruchtkörper oft deformiert.

Kastanienbrauner Becherling (🍴)

Peziza badia

Der Kastanienbraune Becherling gehört mit etwa 70 weiteren Arten zur artenreichsten Gattung der Familie der Becherlinge (Pezizaceae). Ihre schüsselförmigen Fruchtkörper sitzen meist ohne Stiel dem Untergrund auf. Die Sporen werden nicht auf der Unterseite der Fruchtkörper, sondern im Inneren der Becher gebildet. Die meisten Arten lassen sich sicher nur mithilfe des Mikroskops bestimmen.

Kennzeichen des Gelbmilchenden Becherlings ist die namengebende Milch, die an Verletzungen austritt. Er bevorzugt Lehm- und Kalkböden.

VORKOMMEN in Mittel- und Nordeuropa häufig; wächst einzeln oder gesellig in Nadel- und Laubwäldern, an Wegrändern; Saprobiont auf nacktem Boden; bevorzugt eher saure Böden

GRÖSSE Fruchtkörper 2–8 cm Durchmesser

MERKMALE Fruchtkörper mit dunkel- bis olivbrauner Innenseite, rötlich brauner bis kastanienbrauner Außenseite; schüssel-bis becherförmig; Rand bald unregelmäßig gewellt; ungestielt oder Stiel nur im Ansatz vorhanden; Oberseite der Fruchtkörper (Innenseite der Becher) feinkörnig bis feinkleiig. Fleisch rotbraun; brüchig, wachsartig; Geruch und Geschmack unbedeutend. Sporenpulver weiß

VERWENDUNG ungenießbar

ÄHNLICHE ART Der Gelbmilchende Becherling (*Peziza succosa*, siehe Foto oben) kommt an ähnlichen Standorten vor.

BEOBACHTUNGS-/SAMMELZEIT

J	F	M	A	M	J	J	A	S	O	N	D

Typisch

An Verletzungsstellen oder am Anschnitt tritt ein wässriger, klarer Saft aus, der sich an der Luft braun verfärbt.

Geweihförmige Holzkeule

Xylaria hypoxylon

Die auffällige schwarz-weiß Färbung der Holzkeule ist auf zweierlei Arten von Sporen zurückzuführen: Die durch geschlechtliche Vermehrung entstandenen schwarzen Sporen befinden sich vor allem im unteren Bereiche der Fruchtkörper. Der weißliche »Staub« im oberen Bereich der Fruchtkörper stammt von durch ungeschlechtliche Vermehrung entstandenen Sporen, den sogenannten Konidien.

VORKOMMEN in Europa weit verbreitet, häufig; wächst büschelweise als Saprobiont auf morschem oder abgestorbenem Laubholz, vor allem auf Rotbuchen, selten auch auf Nadelholz

Der Name Vielgestaltiige Holzkeule weist bereits auf die Formenvielfalt dieser Art hin. Die Fruchtkörper sind stets schwarz.

GRÖSSE Fruchtkörper 2–5 cm lang, 2–6 mm breit

MERKMALE Fruchtkörper im unteren Bereich durch Sporen rußgrau bis schwarz, im oberen Bereich durch Konidien (auf ungeschlechtlichem Weg durch Abschnürung entstandene Sporen) weißlich; anfangs kurze Keulchen, später einfach oder gabelig bis geweihförmig verzweigt; Ästchen oft abgeplattet; Außenseite warzig-rau. Fleisch weißlich gefärbt, zäh und elastisch, holzig oder wie Kork; ohne bestimmten Geruch. Sporenpulver schwarz

VERWENDUNG ungenießbar

ÄHNLICHE ART Die ebenfalls ungenießbare Vielgestaltige Holzkeule (*Xylaria polymorpha*, siehe Foto oben) wird etwas größer, ist unterschiedlich gestaltet (Name!) und hat stets dunkle Fruchtkörper. Sie wächst bevorzugt am Fuß von Rotbuchenstümpfen.

BEOBACHTUNGS-/SAMMELZEIT

J	F	M	A	M	J	J	A	S	O	N	D

Typisch

Die aufrecht stehenden, nach oben keulen- oder geweihförmigen Fruchtkörper sind so zäh, dass sie sich nicht abbrechen lassen.

Glossar

Bauchpilze
(*wiss. Gasteromyceten*); Gruppe der Ständerpilze, bei denen die Sporen meist innerhalb von kugel- oder bauchförmigen Fruchtkörpern gebildet werden

Cortina
Schutzhülle (*Velum partiale*) bei Schleierlingen, die einen spinnwebartigen Schleier zwischen Hut und Stiel bildet; ist später als faserige Gürtelzonen am Stiel erkennbar

Fruchtkörper
Teil des Pilzorganismus, der umgangssprachlich als Pilz bezeichnet wird

Fruchtschicht
(wiss. Hymenium); Schicht des Fruchtkörpers, in der die Sporen gebildet werden; befindet sich z.B. auf den Flächen der Lamellen, in den Röhren oder auf der Oberfläche der Stacheln

Gesamthülle
(*wiss. Velum universale*); Schutzhülle, die junge Fruchtkörper bestimmter Lamellenpilzgattungen vollständig umhüllt

Hexenei
Kugeliges Entwicklungsstadium mancher Bauchpilze; Aufbau aus derber Außenhülle, mehr oder weniger dicker Gallertschicht, die den Pilzkörper gegen Austrocknung schützt, und darin eingebettet ein Vorstadium des Pilzkörpers; dieser entfaltet sich nach Aufreißen der Außenhülle

Hygrophan
Bezeichnung für Fruchtkörper, die bei feuchter Witterung Wasser aufnehmen und bei trockener Witterung wieder abgeben und dadurch ihre Farbe ändern

Hyphen
Fadenförmige Zellverbände, aus denen das Pilzgeflecht (Myzel) und die Fruchtkörper bestehen

Kollar
Ringförmiger Wulst, der die Lamellen deutlich vom Stil trennt

Konidien
(auch Konidiosporen); durch ungeschlechtliche Vermehrung (Einschnürungen an den Hyphenenden) entstandene Sporen

Mykorrhiza
Lebensgemeinschaft (Symbiose) zwischen Pilzen und den Wurzeln von Bäumen oder anderen höheren Pflanzen

Myzel
Gesamtheit der Hyphen, stellt den eigentlichen Pilzorganismus dar; das Pilzgeflecht durchdringt das Substrat, entnimmt ihm die Nährstoffe und bildet die

Fruchtkörper

Myzelialkern
Ein mit hellem Myzel durchwachsener, etwas weicherer Bereich (Kern) an der Ansatzstelle

Natterung
Schlangenähnliche Musterung der Stielrinde, die durch Streckung des Stiels entsteht, dabei reißt die Oberfläche des Stiels auf

Parasit
Organismus, der in oder auf anderen Organismen lebt, ihnen organische Stoffe entzieht und sie dabei schädigt oder schwächt

Rhizoide
Wurzelartige Hyphenstränge an der Basis von Fruchtkörpern

Rhizomorphen
Derbe, stark differenzierte Myzelstränge aus parallel und dicht zusammengelagerten Hyphen; dienen dem Stofftransport

Saprobiont
Pilz, der seine Nährstoffe durch Zersetzen von toter organischer Substanz, wie morschem Holz, modernden Pflanzen oder toten Tieren, bezieht

Scheide
(*wiss. Volva*); häutiges Gebilde an der Stielbasis, Reste der Gesamthülle

Schlauchpilze
(*wiss. Ascomyceten*); Pilzklasse, bei der sich die geschlechtlichen Sporen in schlauchförmigen Zellen (Asci) entwickeln

Schneide
Untere Kante der Lamellen

Schwächeparasit
Parasit, der nur bereits vorgeschädigte Lebewesenbefällt

Sporen
Mikroskopisch kleine Verbreitungskörperchen der Pilze, die in der Fruchtschicht gebildet werden und nach der Reife abgeben werden; entsprechen den Samen bei den Pflanzen

Sporenpulver
Gesamtheit der Sporen

Ständerpilze
(wiss. Basidiomyceten); Pilzklasse, bei der sich die geschlechtlichen Sporen an ständerartigen Auswüchsen von keulenförmigen Zellen, den Basidien, entwickeln

Teilhülle
(*wiss. Velum partiale*); Schutzhülle, die die noch unreife Fruchtschicht vom Stiel bis zum Hutrand bedeckt; die Reste bilden bei vielen Pilzarten einen Ring

Bildnachweis

Cover: Klaus-Maria Einwanger
Alle Illus im Innenteil: Peter Nishitani, www.nishitani-illustrationen.de
Klappenillus: Maria Mähler, www.maria-maehler.de
U4: Frank Moser / F1 online / Alimdi

A1pix: 170-171; **Alimdi:** 69, 70, 152, 199, 227, 228, 234; **Arco Images:** 97, 178, 245; **Bildmaschine:** 11, 59; **Biosphoto:** 29, 32, 54, 60, 74-75, 77-2, 79, 84, 85, 89, 102, 110-111, 123, 126, 134, 138, 150, 188, 191-2, 232, 238; **Blickwinkel:** 9, 92, 165, 195; **dpa:** 52. 86, 166, 169; **F1-online:** 37, 127-2; **Flashmedia:** 224; **Flora Press:** 242; **Flora Press / Visions:** 222-223; **Fotex:** 145; **Fotolia:** 143; **Garden World Images:** 58, 80; **Getty Images:** 46, 76, 90, 113, 120, 211; **Helmut Grünert:** 45, 81-1, 83, 91-2, 93, 95, 98, 109, 125, 137, 142, 161-1, 170, 182, 184-185, 189, 201-2, 221-1, 233-1, 239, 247; **Lubomir Hlasek:** 217; **Imago Sportfoto:** 17-2, 17-4, 21, 26-27,207; **Marko König:** 158; **Jaroslav Malý:** 210; **Mauritius Images:** 35-1, 68, 136, 149-1, 183-2, 186, 192, 204; **Frank Moser:** 4-5, 14-1, 14-2, 17-3, 18, 19, 22, 35-2, , 47-1, 48, 51-1, 53, 64, 65, 66, 77-1, 82, 91-1, 101-1, 106, 107-1, 108, 112, 116, 117, 118, 128-129, 132, 135, 140, 147, 148, 155, 156-157, 160, 174-175, 181, 191-1, 198, 200, 203, 212, 218, 225, 226, 229, 230, 231, 233-2, 244; **Georg Müller/ Hippocampus Bildarchiv:** 17-1, 20, 38, 50,62, 88, 119, 122, 127-1, 130, 141, 144, 154, 161-2, 162, 164, 175, 183-1, 201-1, 214, 219, 221-2; **Okapia:** 23, 100; **photolibrary.ae:** 2, 12, 55, 94, 96, 172-173, 179, 187, 205-2, 206; **Photoshot:** 167, 196-197, 209, , 220, 243, 246; **Pilzwelt.de:** 114; **Premium:** 180, 240; **Prisma:** 6-7, 121, 236; **Bernd Rügemer:** 40-41, 56, 72-73, 103, 104-105, 146, 153, 168, 190-191, 202, 208-209; **Stockfood:** 31; **Wikipedia:** 124; **Your picture today:** 194; **Zoonar:** 99, 176-177

Service

Deutsche Gesellschaft für Mykologie
Universität Kassel
Heinrich-Plett-Str. 40d
34132 Kassel
www.dgfm-ev.de

Pilzberatungsstellen

Pilzberater der Deutschen
Gesellschaft für Mykologie e.V.
Martin Müller
Ebereschenstraße 1
01169 Dresden
Telefon: 0351/412045
Arbeitsgemeinschaft Pilzkunde
Vulkaneifel
Gabriela Langer
Fortunastraße 18
40235 Düsseldorf
Telefon: 0211/663115
www.ag-pilzkunde-vulkaneifel.de
Stadt Frankfurt: Amt für Gesundheit
Karin Haekel
Telefon: 069/21245205
www.frankfurt.de
Verein für Pilzkunde München e.V.
Stadt-Information im Rathaus am
Marienplatz
Pasinger Rathaus
Landsberger Straße 486, Zimmer 183
www.pilze-muenchen.de
Verein der Pilzfreunde Stuttgart e.V.
Pilzberatung in der Markthalle
www.pilzfreun.de

Giftnotruf

Hier erhalten Sie sofort – jeden Tag rund um die Uhr – telefonische Auskunft, wenn Sie giftige Pilze gegessen haben:

Baden-Württemberg: 0761/19240
Bayern: 089/19240
Berlin: 030/19240
Brandenburg: 030/19240
Bremen: 0551/19240
Hamburg: 0551/19240
Hessen: 06131/19240
Mecklenburg-Vorpommern:
0361/730730
Niedersachsen: 0551/19240
Nordrhein-Westfalen: 0228/19240
Rheinland-Pfalz: 06131/19240
Saarland: 06841/19240
Sachsen: 0361/730730
Sachsen-Anhalt: 0361/730730
Schleswig-Holstein: 0551/19240
Thüringen: 0361/730730

Österreich: 0043/1/4064343
Schweiz: 0041/44/2515151
145 (in der Schweiz)

Internet

Informationen über die Pilzzucht zuhause (incl. Bezugsquellen):
www.pilzzucht.eu
www.pilzzuchtshop.de
www.pilzzucht.de

Literatur

Laux, Hans: Der große Kosmos Pilzführer. Franckh-Kosmos-Verlag, Stuttgart
Lüder, Rita: Grundkurs Pilzbestimmung. Quelle & Meyer Verlag, Wiebelsheim
Grünert, Helmut & Renate: Pilze entdecken und erkennen. Ulmer Verlag, Stuttgart
Guthmann, Jürgen/Hahn, Christoph/ Reichel, Rainer: Taschenlexikon der Pilze Deutschlands. Quelle & Meyer Verlag, Wiebelsheim

Naturlust pur.

ISBN 978-3-8338-2612-2

ISBN 978-3-8338-2611-5

ISBN 978-3-8338-2609-2

ISBN 978-3-8338-2610-8

www.gu.de: Blättern Sie in unseren Büchern, entdecken Sie wertvolle Hintergrundinformationen sowie unsere Neuerscheinungen.

GU

Willkommen im Leben.

Impressum

Wichtiger Hinweis

Die Daten und Fakten dieses Ratgebers wurden mit äußerster Sorgfalt recherchiert und geprüft. Dennoch kann keine Garantie übernommen werden. Eine Haftung von Verlag und Autor für Personen-, Sach- und Vermögensschäden ist ausgeschlossen. Beim Bestimmen in der Natur müssen stets alle Merkmale beachtet werden.

Die Autorin **Angelika Lang** studierte Biologie und Chemie für das Lehramt in München. Für ihre Zulassungsarbeit untersuchte sie ein halbes Jahr das Verhalten der Silbermöwe auf einer Nordsee-Insel. Schon immer galt ihr Interesse der einheimischen Tier- und Pflanzenwelt, die sie unter anderem bei Führungen bekannter Biologen kennenlernte. Dieses Wissen bringt sie auch anderen nahe. Seit vielen Jahren arbeitet sie als Lektorin, Autorin und Übersetzerin in München.

Umschlaggestaltung und Layout:
Independent Medien-Design, Horst Moser, München
Herausgeber: Georg Kessler
Projektleitung: Regina Denk
Bildredaktion: Daniela Laußer, Petra Ender (Cover)
Herstellung: Petra Roth
Satz: wortundart, Janette Schroeder, München/Berlin
Repro: Longo AG, Bozen
Druck und Bindung: Stürtz GmbH, Würzburg

Printed in Germany
ISBN 978-3-8338-2613-9
1. Auflage 2012